서울은 건축

서울은 건축

걷다 보면 마주하는
설렘을 주는 공간들

글·사진 신효근

효형출판

목차

여름

가을

겨울

#좋은_경험을_주는_공간

건축은 '건축물'이라는 물질적 형태만을 뜻하지 않는다. 사람에 대한 이해를 포함하고 시대적 상황과 주변 맥락을 반영하여 공간의 경험, 분위기를 만드는 연출 분야다. 'chief'의 'arkhi'와 'builder'의 'tekton'이 결합한 'arkhitekton'에서 변형된 'architect', 'architecture'에서 알 수 있듯이 건축가는 총괄 디렉터이고 건축은 모든 분야의 집약체다. 건축을 서사가 탄탄한 한 편의 영화라고 생각해도 좋다. 건축을 찬양하거나 격을 높이기 위해 하는 말이 아니다. 복합적이면서도 전공자가 아니더라도 영화처럼 모두가 쉽게 즐기고 접근할 수 있다는 의미다.

그런데 생각보다 건축을 어려워하는 이들이 많다. 단어에서 오는 위압감과 무게감 때문일 수도 있고, 어디서부터 무엇을 봐야 하는지 몰라서일 수도 있다. 막상 책을 읽어본들 어려운 내용 때문에 다시 페이지를 덮은 이들도 많다. 건축이란 문화의 집약체이니 입체적 경험을 지면이라는 종이 매체에 온전히 담아내는 게 불가능하다. 게다가 건물이 자리한 대지마다 규모가 다르고 지어지는 용도 또한 다르니, 어느 하나도 같은 것이 없다. 건축은 결코 우위를 가릴 수 없으니 정답이 없는 분야이기도 하다. 이것이 가장 큰 원인일 것이다. 그래서 건축가 중 열에 아홉이 '여행'을 강력히 추천하는 것도 영화를 글로 공부하지 않듯, 보면서 경험하는 게 건축을 오롯이 느끼며 자신만의 안목을 만들어 나가는 직관적인 방법이기 때문이다.

하지만 문제가 있다. 여행이 좋은 건 알겠는데 정작 추천받는 장소는 국내보다 해외가 많다. 꼭 해외로 나가는 수고로움을 거쳐야만 건축을 즐길 수 있다는 말인가?

건축학도조차 서양 건축사를 한국 건축사보다 먼저 배운다. 게다가 한국 건축사는 전통 건축의 비중이 높아서 변화하는 우리 도시 속 현대 건축물에 대한 정보와 접근, 관심이 유독 적은 게 사실이다. 직접 경험하는 것이 좋다고 설파하면서 정작 우리 주변의 공간을 모르는 현실이 모순이다. 이러한 까닭으로 5년 동안 5백 군데가 넘는 공간을 찾아다니며 자료를 정리하고 있다. 어디를 가야 할지 알고 가야 그제야 궁금증이 생길 것이고 더 나아가 깊이 탐구하게될 것 아닌가.

책에 담긴 공간은 서울의 공공건축물을 위주로 선별했다. 그중에서도 건물이 자리한 땅과 밀접한 관계를 맺고 로컬리티를 반영하고 공공성에 집중하여 우리 삶을 풍요롭게해주는 좋은 경험을 주는 공간들로. 카페를 제외하고는 금

액 지불 없이 누구나 시간 날 때 방문하여 자신만의 안목을 만들어 나갈 수 있다. 많은 이가 저마다 관점을 제시할 수 있는 것, 그것이 건축의 매력이자 내가 공간을 정리한 이유다. 담론이 형성되어 사회에 공명하여야 우리 주변에 좋은 공간이 생겨난다는 것을 잊지 말자.

부록에는 공간을 테마별로 묶어 두었다. 산책하다 들러 책 속 내용과 비교해 보기도 하고, 커피 한 잔 마시며 여유롭게 공간을 음미해 보는 것도 좋다. 전문가가 아닌 건축을 사랑하는 일반인이 바라본 공간 감상평, 도시 독후감 정도로 생각하고 이 책을 읽는다면, 어렵지 않게 건축을 접하고 즐기는 자신을 발견할 수 있지 않을까.

돌고 돌아 서울

우리나라는 계절이 뚜렷하다. 그러니 계절감을 느끼게 하는 음식과 옷, 모임도 있다. 공간은 사람과 관계 맺음에서 완성되기에 상황에 따라 옷을 바꿔입는다. 그러니 계절마다 어울리는 공간도 있을 터. 각 공간을 계절과 어울리는 키워드로 분류했다.

손에 잡히는 계절부터 읽기를 시작해 보자. 차근차근 읽으며 되돌아오면 된다. 돌고 도는 사계절처럼.

일러두기
- 공간 운영시간은 2024년 3월 기준 자료이다.
- 공간 명칭은 공식 홈페이지 자료를 기준으로 한다.

Spring

봄

봄 하면 가장 먼저 떠오르는 단어는 '시작'이다. 그것도 화창한 시작. 새로운 출발이 다가오는 순간이자 설렘과 기쁨으로 가득하다. 몸을 움츠러들게 하는 추위는 불어오는 동풍에 기세가 꺾이고, 따사로운 바람은 우리를 포근히 감싼다. 녹아내린 눈은 겨우내 잠들었던 땅에 스며들어 생명을 깨우고, 자연의 기운은 땅을 뚫고 나와 태양을 마주한다. 골목 곳곳에 개나리며 진달래, 벚꽃이 피어날 때는 화사함이 서울을 물들인다.

새로운 생명이 발아하는 시기이기에 사람들이 유독 봄을 좋아하는 게 아닐까. 청춘의 춘이 '춘(春)'이라는 것에서 알 수 있듯 말이다. 그래서 봄은 은유 대상이 되곤 한다. 매서웠던 겨울일수록 봄의 시작은 낭만적이고, 아름답고, 치유의 의미가 담긴다.

우리 도시에는 뼈아픈 상처가 새겨져 있다. 비극적인 전쟁의 희생자들, 민주화를 위해 싸우다 사라져간 이들과 그들이 떠나고 남은 거리와 광장, 거센 개발 바람으로 훼손되어 가는 자연까지. 우리의 수도였던 한양, 서울은 그 상흔이 어느 도시보다 많고 깊다. 거센 추위인 고난과 역경을 이겨내고 만개하는 꽃처럼 사람이 거리에 모여들고 골목에 활기가 느껴질 때, 몸과 마음, 땅을 치유하며 우리를 달래줄 공간을 경험해 보자. 화사한 계절의 생동감을 느끼며 한 해의 시작을 서울의 봄과 함께했으면 한다.

시작Beginning

건축에서 시작은 뭘까. 땅을 파고 기초를 다져 건물을 세우는 것 혹은 트레싱지에 도면을 그리는 것, 그것도 아니면 땅을 훑어보며 땅과 관계 맺을 건물을 상상해 보는 것. 기준점에 따라 시작은 달라진다. 하지만 생명의 시작은 잉태되고 발아하는 순간부터다. '자라나는 숲'은 식물이 발아하여 성장할 때 비로소 완성된다. 건축과 성장은 어울리지 않지만, 생명의 시작은 이를 가능하게 해준다. '1유로 프로젝트'와 '노량진 지하배수로'는 조금 다른 시작이다. 군이 표현한다면 재시작이라고 할 수 있다. '1유로 프로젝트'는 기능을 다한 건물이 낙후돼 동네 흉물이 되었지만, 새 단장을 마친 후 단돈 천 원의 임대료로 상인에게 자생할 공간을 마련해준다. '노량진 지하배수로'는 하수 암거 시설이 전시장으로 바뀐 사례로 도시의 역사를 떠올리게 한다. 동시에 앞으로 새겨질 새로운 추억도 묻어둔다.

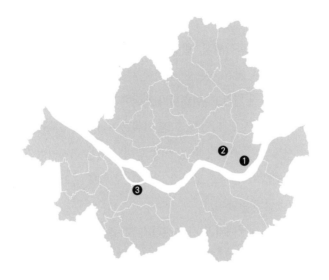

❶ 자라나는 숲

❷ 1유로 프로젝트 – 코끼리 빌라

❸ 노량진 지하배수로

❶ 자라나는 숲

자연과 건축이 공존하다

아버지와 대화하면서, 빈집에 관해 이야기한 적이 있다. 사람이 살지 않은 집은 눈 깜짝할 새도 없이 낡아, 제구실하지 못하게 된다고. 할머니가 돌아가시고 남겨진 강원도에 있던 집은 텅 비었다. 가끔 가족들이 상태를 확인하지만 비워 놓은 시간이 더 많기에, 할머니 집은 머지않아 곳곳에 곰팡이가 피고 낡아갈 것이다. 추억도 기억도 금세 사그라질 것이다.

건축은 생명체와 달리 성장하지 않는다. 퇴화할 뿐이다. 땅을 파고 건물을 세워 올리는 일련의 과정을 성장이라고 할 수 있겠지만, 그것은 엄연히 생성이다. 완벽하게 형성된 개체가 완숙하게 자라는 것과 거리가 멀다. 그래서 상처를 치유하는 능력도 없어, 쉽게 늙고 쉽게 상처받아 그 흔적이 고스란히 건물에 새겨진다.

페인트는 서서히 벗겨지고, 나무는 울어 곡소리를 낸다. 모든 틈을 막아주던 실리콘은 딱딱하게 굳고 떨어져, 그 사이로 빗물이 새기 시작한다. 수북이 쌓인 찌든 때는 빗물이 흘러내려 눈물 자국을 만들어 내기까지 한다. 이런 슬픔을 인간도 보기가 싫었는지, 건물을 수도 없이 고친다. 다시 칠하고 창문을 닦고, 마룻바닥에 기름을 먹여 시간의 흐름을 늦춘다. 그렇기에 사람의 손길과 발길이 끊긴 공간이 퇴화하는 건 당연한 수순이다.

우리는 건물의 퇴화를 부정적으로 보고, 시간의 흐름을 역행하려 온 힘을 쏟는다. 반면 엘리베이터와 계단, 무작위로 꽂힌 막대기가 전부인 전망대인 '자라나는 숲'은 그 흐름을 덤덤하게 받아들인다. 특별한 시설 없이 언덕 위에 홀로 서 있기에, 비를 잘 맞고, 빛을 온몸으로 받으며, 변덕스러운 날씨를 그대로 겪는다. 건물에 상처가 깊게 새겨진다.

이 건물은 한참 전에 완공되었다. 코로나 사태로 전망대 사용이 불가능했을 때 사람들의 발길이 닿지 않아 상처가 새겨지는 속도는 빨랐다. 예상과 달리 깊어지는 상처만큼 자라난 덩굴 식물이 녹슨 자국과 눈물 자국을 치유해 주고 있었다. 상처는 푸른 잎이 가려주어 흉물보다 커다란 나무가 될 것이다. 전망 공간은 나무 위에 마련한 집이다. 머지않아 전망대 지붕에는 새가 둥지를 트고, 벽에는 버섯이

자랄지도 모른다. 덩굴 식물은 난간과 계단, 하물며 엘리베이터 안까지 들어와 생명의 흔적을 남기고, 주변 식물은 더욱 무성해질 것이다.

생명이 깃들어 있지 않지만, 자연이 이곳에 생명을 불어넣는다. 자연과 함께 성장하기 때문에 '자라나는 숲'이라는 이름이 붙었다. 어쩌면 할머니 집도 낡아 없어지는 게 아니라 자연으로 가득 채워지려 하는 게 아닐까.

전망대 앞은 풀숲 가득한 언덕이었다.
다시 방문해 보니 언덕은 무궁화 정원으로 바뀌어 있다.
무궁화 계통의 식물 20여 종이 심어진 정원은
전망대의 풍경을 풍성하게 만들어 준다.

–

건축 : 네임리스건축사사무소 (NAMELESS Architecture)
광진구 광장동 401-14
하절기 10:00 - 19:00 (월요일 휴무)
동절기 09:00 - 18:00 (월요일 휴무)

❷ 1유로 프로젝트 – 코끼리 빌라

동네의 빛이 된 공간 기획

젠트리피케이션은 낙후된 구도심이 활성화돼 새로운 자본이 유입되고, 이로 인해 저소득층 원주민을 밀어내는 걸 의미한다. 우리나라에서 젠트리피케이션으로 대표되는 거리는 홍대 뒷골목, 경리단길, 송리단길이 대표적이다. 이들 모두 조용한 주택가나 거리였지만, 작은 카페와 레스토랑이 들어서면서 골목 전체가 활기를 띠며 '힙'해졌다. 하지만 거리로 찾아드는 사람 수와 비례하여 치솟은 임대료는 입지를 다져놓은 기존 가게를 거리로 내몰았고, 그 자리에 대형 브랜드와 프랜차이즈 상점이 들어서면서 동네는 특색을 잃었다. 성수동 연무장길이나 용산 용리단길은 아직은 그 빛을 발하지만, 이곳의 로컬리티도 언젠가 위협받을 것이다.

송정동의 '1유로 프로젝트'는 젠트리피케이션의 마수에서 벗어나 모두가 상생하기 위해 탄생한 공간이다. 이는 유럽에서 시작된 도시재생 프로젝트로, 건물주는 상인에게 1유로 가격으로 낡은 공간을 내어주고, 상인들은 공간을 직접 리모델링해 가게를 운영한다. 건물주는 계약이 끝나면 정돈된 공간을 돌려받고, 상인은 임대료 부담 없이 수익을 내 자생하는 데 보탤 수 있으며, 주민들은 멋지게 변신한 공간을 즐기고, 동네에는 활기가 감도니 일석삼조인 셈이다.

다른 점이 있다면 유럽의 1유로 프로젝트는 정부가 개입하지만, 송정동의 '1유로 프로젝트'는 민간 건축사사무소가 주도한다. 낡은 건물 처리를 고민하는 건물주와 프로젝트의 잠재력을 알고 있던 건축가가 만나 탄생했다.

더 나은 라이프스타일을 제안하는 18개 브랜드는 벽을 허물어 공간을 넓히거나, 성큰(sunken)을 활용해 공간을 확장하기도 하며, 크기가 같은 공간에서 각자의 개성이 담긴 소품과 가구로 공간을 채워나간다.

상점 앞에 붙은 시공 전후 사진을 비교하며 다르게 변신한 공간을 경험하고 비교해 보는 재미가 쏠쏠하다. 3층엔 옛 가옥 인테리어를 그대로 살려 상인들이 소통할 수 있는 공간을 마련했고, 옥상의 가드닝 클럽은 건물이 들어서서 사라져 버린 자연의 보금자리를 되찾아 준다.

이곳이 하나의 마을이자 작은 공동체다. 인근 성수동에

비해 관광자원이 부족한 송정동이지만, 사람들로 북적이기 시작했다. 바로 앞에는 뚝방촌 산책길이 있어 여유롭게 산책하며 들르기도 좋다. 이 프로젝트가 성공적으로 마무리되고, 제2의 '1유로 프로젝트'가 이어지길 바란다.

벚꽃이 흐드러지게 핀 날에는 뚝방촌 산책길에 플리마켓이 열린다.
적절한 시기에 방문하면 사람들의 온정을 느낄 수 있다.

–

프로젝트 기획 및 디자인 : 오래된미래공간연구소
성동구 송정18길 1-1
11:00 - 20:00 (화요일 공동 휴무)

❸ 노량진 지하배수로

타임캡슐을 열어보고 싶다면

초등학교 졸업식 때 우리는 타임캡슐을 운동장에 묻었다. 25년, 50년 뒤에 모두 모여 그 편지를 읽어보자는 선생님의 말씀과 함께. 내용은 기억나지 않지만, 어릴 적 나는 미래의 내 모습을 기대하며 편지를 써 내려갔다. 그러나 성인이 된 지금은 내 모습보다 타임캡슐을 핑계 삼아 운동장에 모여든 친구들의 모습을 기대한다. 선생님은 타임캡슐이 우리를 한데 모아줄 거라 믿었고, 나 또한 가슴 한편에 그런 낭만을 간직하고 있다.

물은 문화의 태동 여부를 결정짓는 중요한 요소다. 인류 최초의 문명은 강을 끼고 번성했다. 산업화 시기, 인구 과밀에 대응하지 못한 도시는 물 문제로 골치 아팠다. 오수가 하천으로 흘러들면서 물을 오염시켰기 때문이다. 더러운 물이 원인이 된 전염병, 콜레라의 창궐로 유럽 도시들은 몸살을 앓았는데 비슷한 시기 조선도 예외가 아니었다.

도시는 반드시 배수 시설을 필요로 한다. 단순히 상수도와 하수도를 구분하는 것을 넘어 적절한 용량의 배수로를 설치하는 게 중요한 화두이다. 우리 도시의 배수 시설은 여름철 장마 때의 집중 호우를 처리하기 위해 더욱 치밀하게 설계되어야 했다. 당대 최신의 토목 기술로 지어졌으며 위생과 안전을 책임지는 중요한 시설이지만, 배수로는 언제나 땅 밑에 있으므로 설치된 이후 언제나 기억 속에서 잊혔다. 도시의 역사를 담지만, 애써 꺼내야 기억할 수 있는 타임캡슐과 같다.

'노량진 지하배수로'는 여전히 땅속에 있다. 하지만 지표면을 뚫고 힘껏 솟아오른 삼각, 사각 덩어리가 존재감을 뽐낸다. 그 속으로 들어가 반 층 내려가면 벌어진 틈 사이로 빛이 들어온다. 빛은 천장과 벽이 만들어낸 곡면을 타고 공간을 성스럽게 만들어 주고 우리를 근대 역사 속으로 안내한다. 습기 찬 내음은 무게감을 준다.

반 층 더 내려가면 물이 아닌 사람이 다니는 길로 재탄생한 공간을 만난다. 1899년에 만든 서울에서 가장 오래된 말굽형 배수로를 포함한 제각기 다른 시기에 축조된 배수로의 다섯 구간이다. 안정적인 구조를 위해 천장에 헌치(haunch)를 시공한 사각형 구조의 1구간부터, 말굽형 석축 및 벽돌구조로 지어진 대한제국 시대의 2구간, 헌치를 시공하지 않은 3구간, 거푸집 이음부가 매끄럽게 처리되어 정교한 마감 처리를 보여 주는 4구간, 바닥과 천장 모두 헌치로 지은 5구간 등으로 구성된다.

　과거의 흔적은 공간에 아로 새겨지고, 그 안에 역사가 담긴다. 유적지와 유물처럼. 흔적은 자신이 간직한 이야기를 들려줄 준비를 한다. 우리는 그 이야기를 들으러 그곳에 모일 것이고, 다음을 위해 새로운 기억을 묻는다.

—

리노베이션 : 최춘웅
동작구 노량진동 40-90

치유 Recovery

깊게 새겨진 상처일수록 그 흉터는 짙어지기 마련이다. '평화문
화진지'는 본래 한국 전쟁 당시 북한군 이동 경로였던 곳에 지어
진 군사시설이다. 대전차방호시설이었던 이곳은 휴전 이후 쓸모
를 다해 방치됐지만, 오늘날 문화예술 공간으로 시민들의 놀이터
가 되었다. '한국천주교순교자박물관'은 천주교 박해로 희생된
이들을 기리기 위해 만들어진 추모 시설이다. 그 안에 담긴 이야
기는 내면을 돌아보게 만든다. 과거가 오늘의 우리를 치유한다.
광화문 광장은 조선 시대부터 오늘날까지도 서울 도시 축의 시작
점이다. 오랜 기간 그에 걸맞은 위상을 갖추지 못한 광장이 최근
새 단장을 마쳤다. 더 넓어진 광장은 접근도 쉬워 봄을 담고 즐기
기에 최적이다. 광화문 광장 오른편에 자리한 송현동 부지는 여
태까지 우리가 밟지 못하는 금단의 땅이었다. 공간의 부재가 도
시에 얼마나 큰 단절을 초래하는지 깨닫게 해준 송현동은 '열린
송현'이라는 이름으로 시민에게 개방됐다. 도심 한복판에 들어선
풀숲은 그 자체만으로도 힐링이다.

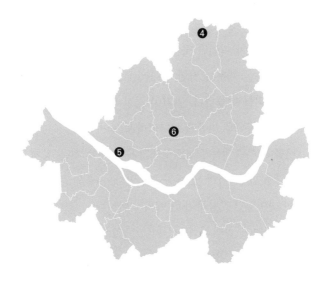

❹ 평화문화진지
❺ 한국천주교순교자박물관
❻ 열린송현

❹ 평화문화진지

분단의 상처를 드러내 치유하다

전쟁의 상흔이 여전한 곳은 DMZ다. 철조망을 두른 경계부와 그 속을 채우는 자연 지대는 두 땅을 가르며 한반도에 굵은 띠를 만들었다. 발길이 끊긴 띠 안쪽은 평화로워 보이지만, 분단의 아픔을 적나라하게 보여 준다.

서울의 북측에는 DMZ 못지않게 곳곳에 깊은 상처가 아물지 못한 채 남아 있는 동네가 많다. 서울의 북쪽 관문 중 한 곳이었던 도봉구 또한 예외가 아니다.

도봉구는 도봉산과 수락산이 만나 만들어 낸 골짜기에 자리한다. 그중 골짜기 폭이 가장 좁아지는 병목 지대는 한국 전쟁 당시 북한군 이동 경로 차단을 위한 최적의 장소였다. 방어 목적으로 1970년에 세워진 대전차 방호시설은 도봉구와 경기도 의정부가 만나는 지점을 갈랐고 서울에 분단국가의 흔적을 남겼다.

방호시설로 사용되던 당시 1층은 군사시설로 쓰이며 전차와 각종 물자가 있었고, 2, 3, 4층은 위장용 시민아파트가 자리했다. 평시에는 군인들의 거주지로 사용되다, 전시에는 내려와 방어선을 빠르게 구축하기 위함이었다. 그런 곳이 휴전 이후 일부가 철거되고 방치되기 시작했다.

평시의 주거공간과 전시의 방어공간이 공존하는 대전차방호시설은 '전쟁'이라는 특수한 시대적 상황을 보여 준다. 현재는 리모델링을 거쳐서 과거의 흔적을 보존하고 문화예술 공간인 '평화문화진지'로 탈바꿈하여 시민의 품으로 돌아왔다.

다섯 동으로 구분되는 건물은 저마다 성격을 달리하지만, 지붕에 조성된 옥상 휴게 공간과 내부 통로를 통해 서로 이어진다. 방문객은 자유로이 공간을 둘러볼 수 있다. 기존 건물 앞에 장방형 공간을 새롭게 더해 동마다 중정을 만들었다. 전차가 있던 공간은 시민들의 휴식 공간이, 소총 사격 연습장은 전시장이 되었다. 동 사이에 화장실과 기계실이 있어 부족한 서비스 공간을 확보함과 동시에 각 동이 하나로 이어진다. 그래서 건물은 장방형의 단일 건물이 되었다.

250미터로 길게 늘어선 건물에 한 끗을 더한 전망대는 새롭게 지어진 건물이다. 그곳에 올라서면 이곳이 왜 군사 요충지였는지 알게 된다. 수락산과 도봉산, 저 멀리 북한산 일대를 조망할 수 있다. 도봉구와 의정부를 가르는 중랑천의 존재를 단번에 확인할 수 있다.

'평화문화진지'는 화창한 봄날이면 소풍 나온 사람들로 북적인다. 각종 공연도 열려 활기찬 기운이 동네로 퍼진다. '평화문화진지'는 도봉구의 자랑스러운 흉터가 됐다. 전쟁으로 새겨진 상처를 드러내 치유한 덕분에.

–

건축 : 코어건축사사무소
도봉구 마들로 932
10:00 - 18:00 (월요일 휴무)

❺ 한국천주교순교자박물관

깊은 곳을 꿰매다

서울시 마포구 합정동 한강 변에 있는 봉우리는 누에의 머리를 닮았다 하여 '잠두봉'이라고 불렸다. 이곳은 다른 이름으로도 불렸는데, 그 명칭이 우리에게 더 친숙하다.

끊을 절(切), 머리 두(頭)를 쓴 '절두산(切頭山)'이다. 1866년, 절두산에 아물 수 없이 깊은 상처가 났다고 한다면 이름의 유래를 짐작할 수 있을까? 절두산은 병인박해 때 천주교인들이 처형된 순교지로 무려 8천여 명이 희생된 가슴 아픈 장소다. 깊이 새겨진 아픔만큼 잠두봉도 이리저리 긁히고 잘린 상처가 있다. 동서를 갈라놓는 강변북로와 남북을 가로지르는 지하철 2호선. 두 개의 굵은 선이 절두산을 쪼개고 또 나눈다. 역사와 장소의 상처를 고스란히 보여 주는 것처럼.

병인박해로 희생된 이들을 기억하고 성지로 가꾸어 나가기 위해 박물관은 먼저 강변북로 일부를 지하화해 땅의 상처를 꿰맸다. 접근성을 높인 그다음 '남양성모성지', '서소문역사공원', '명례성지'처럼 절두산 일대를 천주교 순교 성지로 조성하기 위해 기념탑과 기념관을 세우고 야외 순례지도 조성했다. 기념관은 지형을 훼손하지 않는 방향으로 대지에 앉혔고, 아픔을 감싸기 위해 부드러운 곡선 지붕이 사용됐다. 덕분에 '한국천주교순교자박물관'은 연간 30만 명이 넘는 방문객이 다녀가는 명실상부한 성지가 됐다.

  '자라나는 숲'에서 이야기했듯 흐르는 시간만큼 쌓이는 장소의 기억과 역사는 건물을 새로 단장하게 만든다. 늘어나는 전시품과 노후화를 막기 위해 하나둘 들어선 각종 설비시설은 힘겹게 버텨온 공간에 변화를 요구했다. 결국 대대적인 리모델링이 진행됐다. 자리를 상당 부분 차지했던 천장 설비시설을 새롭게 짜맞추고 재배치했으며 천장도 허물었다. 5미터가 넘는 층고가 확보됨과 동시에, 드러난 골조는 리듬을 만들며 공간을 동적으로 바꾼다. 은은하게 내부를 밝힌 천창은 탄화 목재와 만나 전시 공간에 생기를 불어넣는다. 층고가 확보되면서 설치된 복층 형태의 전시 브릿지는 부족했던 전시 공간을 채운다. 사용자가 1층에 있을 때는 공간 오브제로, 2층에 있을 때는 전시 동선으로 작동하면서 공간을 더욱 풍요롭게 만든다.

건물 밖에서는 나무와 풀이 초록 내음을 마음껏 풍기고 기념관 내부에서는 탄화 목재의 편안하고 고풍스러운 내음이 감돈다. 건물 밖의 생명과 내부 공간의 경험이 이어지면서도, 새롭게 돋아나는 자연과 앞으로 시간의 흔적으로 새겨질 건물이 대비된다. 둘의 관계가 어떻든 상처를 꿰매고 치유한 자리에 들어선 기념관은 굳건히 지켜온 시간보다 더 오래 이 자리에 남아 상처를 보듬어 주고, 때론 그 흉터를 드러내며 아픔을 상기시켜 줄 것이다.

–

건축 : 이희태
리모델링 : 김승회 + 경영위치건축사사무소
마포구 토정로 6
09:30 – 17:00 (월요일 휴무)

❻ 열린송현

금단의 땅이 도시의 여백으로

굴곡진 역사만큼 땅에 새겨진 상흔은 더 깊어지기 마련이다. 용산 미군기지 터는 백십 년이 넘는 기간 외세의 군홧발이 머물던 땅이다. 용산 미군기지 터처럼 우리 땅임에도 국민이 쉽게 드나들 수 없었던 '송현동'은 소나무가 많이 자라던 곳이었다. 경복궁 옆이자 안국역 사거리에 맞붙은 이 땅은 조선 왕실이 좋아했고 국가가 정성스레 가꾸던 곳이었으니, 일본은 조선을 침략한 후 자연스레 이곳을 빼앗았다. 일제강점기는 물론, 임진왜란 때도 일본군 거주지로 쓰인 아픈 땅이다. 거기다 한국 전쟁 이후 미군 거주지가 되면서 이 땅은 지도에서 완전히 사라져 버렸다. 2000년, 어느 기업에 팔린 송현동 부지는 주변 문화재 보호를 위한 규제로 인해 방치되기 시작했고, 결국 모두에게 금단의 땅이 되어 버렸다.

국립현대미술관 서울이나 서울공예박물관 혹은 북촌 한옥마을에 가본 적 있는 이들이라면 이 땅의 부재가 도시에 얼마나 큰 단절을 초래하는지 체감할 수 있을 것이다. 높은 담장으로 둘린 대지는 북촌의 골목을 막았고, 담장 테두리는 오가는 이의 발걸음을 머뭇거리게 만들었다.

이 땅은 2022년 10월, 드디어 '열린송현'으로 우리에게 다가왔다. 정부와 부지 소유 기업이 송현동 부지와 동일 면적의 다른 부지를 맞교환해서 땅의 주인이 서울시로 바뀐 것이다.

이름에서 알 수 있듯 이곳은 공원으로서 시민 모두에게 열려 있다. 서울 광장보다 세 배나 큰 규모의 열린 공간이 도심 복판에 생겨난 건 물리적인 도시구조 재편과 지역 변화를 암시한다. 막혀 있던 공간이 북촌의 골목, 국립현대미술관과 서울공예박물관의 열린 공간과 이어져 도시 단절을 해소하고 사람들을 더욱 깊숙이 거리 곳곳으로 이끈다. 이전과 비교할 수 없을 정도로 이 일대는 활기를 띠게 될 것이다.

'열린송현'은 새 단장을 마친 광화문 광장과 함께 도심 복판의 여백으로 남아 여유로움을 선물한다. 이곳에서 서서 주변을 바라보면 인왕산과 북악산이 파노라마로 펼쳐지고 하늘이 쏟아지는 것 같은 극적인 경험을 하게 된다. 포근한 봄 날씨에 주변을 오가며 거닐기에 좋다.

아쉽지만 이는 2024년까지다. 이후에는 이건희 기증관이 들어선다고 한다. 좋은 땅에 넓은 하늘을 볼 수 있는 날이 얼마 남지 않았다. 그전까지 모두가 도시의 여백을 마음껏 즐길 수 있기를.

2023년 서울도시건축비엔날레가 '열린송현'에서 개최됐다.
전망대와 체험형 전시 작품도 여럿 설치됐다.

–

종로구 송현동 48-9

아름다움 Elegant

봄은 아름답다. 자라난 새싹과 피어난 꽃, 이들의 뿜어낸 향긋함은 물론, 오랜 풍파에 꺾이지 않고 버텨낸 생명의 강인함 덕분일 것이다. 그래서 꽃이 만개하는 순간을 아름답다고 하며 자연스레 미소 짓고 결실을 보는 특별한 날에 꽃을 선물한다. 깊은 내면을 자극하는 건 외면보다 보이지 않는 숨은 이야기라는 것을 인식할 때 땅과 사람들의 이야기가 담긴 공간에 한 걸음 더 가까워질 수 있다.

'중림창고'는 옛것과 새로운 것이 조화를 이루고 존중하는 방법을 가르쳐 준다. '콤포트'는 지형의 단점을 장점으로 바라보고 이를 디자인 형태로 강조하며, '그라운드시소 서촌'은 건물이 자리한 땅의 맥락에 자신의 일부를 내어준다.

7 중림창고
8 콤포트
9 그라운드시소 서촌

❼ 중림창고
옛것과 새것

서울역 뒤편, 충정로역 4번 출구로 나와 오른쪽으로 고개를 돌리면 오르막길이 보인다. 걸어 올라가다 보면 묘하게 시간이 멈춘 듯한 느낌을 받을 수 있다. 시선이 머무는 곳에 국내 최초의 복도식 주상복합 아파트 '성요셉 아파트'가 자리 잡고 있다. 지형에 순응하며 길게 깔린 한 동짜리 건물은 반세기 넘게 이곳을 지키고 있다. 1층에 들어선 방앗간과 카페, 음식점은 점심시간이 되자 사람들로 북적이고 아파트 주민들이 삼삼오오 모여 담소를 나눈다. 사랑방으로 변한 아파트 앞 골목길이다.

그 광경을 신기하게 바라보면서 왼쪽으로 고개를 돌리면 어딘가 익숙하지만 낯설고, 그렇다고 이질적이지도 않은 세련된 건물이 보인다. '성요셉 아파트'와 비슷한 제스처로 땅에 앉혀 있는 '중림창고'이다.

세련된 건물인데 이름은 어째서 '중림창고'일까. 답은 중림동의 지역성에 있다. 이 건물은 본래 중림시장의 물건을 보관하기 위해 만들어진 무허가 판자 건물이었다. 중립시장은 꽤나 규모 있는 수산물 시장이었다. 시장이 쇠락하면서 부속 건물은 흉물이 됐지만, 그것을 흉물이라고 보는 인식은 이방인의 시선일 뿐 이곳에 사는 사람들에게는 가족들의 생계를 책임져 주었던 소중한 공간이었다. 때문에 도시재생사업의 일환으로 이 일대를 변화시키고자 했을 때 지역의 맥락과 연결되지 않는 새로운 건물이 들어설 자리는 없었다. 이 근방에도 주민들의 마음속에도. 그때의 기억을 보존하고자 명칭도 그대로 썼고 건물 형태도 그 당시 창고의 모습을 담으려고 노력했다. 그래서 과거 모습과 비교해 본다면 묘하게 닮은 형제를 보는 듯하다.

새롭게 탄생한 '중립창고'는 마치 원래 있던 건물처럼 주변과 잘 어울린다. '성요셉 아파트'처럼 가파른 언덕 지세에 순응하면서도 건물을 다채로운 크기로 나눠 지었다. 그 덕에 곳곳에 열린 공간이 만들어졌다. 건물 사이는 단차를 줘 지형의 단점을 극복했고, 골목길과 면한 1층은 슬라이딩 도어를 설치해 개방감을 높였다. 덕분에 좁고 작은 공간임에도 내부는 비교적 넓게 느껴진다. 어떤 곳은 층고가 높고 또 어떤 곳은 층고가 낮지만 내리막길에 위치하여, 같은 층임에도 다른 공간감을 느낄 수 있다.

사진으로 '중림창고'를 처음 보았을 땐 이런 생각을 했다. '이왕 비싼 돈 들여 새롭게 지을 거면, 밝고 화려한 건물을 짓는 게 좋지 않을까?'. '성요셉 아파트'와 '중림창고' 사이의 골목길을 거닐어 보면 그때의 생각이 편협했다는 걸 깨닫게 된다. 반세기를 견딘 역사 깊은 건물은 허물렸지만, 주민들의 기억 속에 남아 있는 장소성을 존중하고 앞으로의 역사를 써 내려갈 '중림창고'. 지역성과 주민을 존중한 건물의 자태는, 터무니없는 건물에 익숙해진 우리에게 많은 생각을 하게 해준다.

-

건축 : 에브리아키텍츠 (EVERYARCHITECTs)
중구 서소문로6길 33

⑧ 콤포트

계단 하나로 경계를 허물다

단은 공간을 구분 짓지만, 단이 모여 형성된 계단은 다시 두 단의 경계를 흐리게 만든다. '콤포트'은 동네의 성격을 둘로 구분 짓던 지형의 단을 계단으로 이어준다. 남산 중턱에 자리 잡은 이 건물의 앞으로는 두텁바위로가, 뒤로는 소월로가 지나간다.

4층짜리 건물과 맞먹는 15미터 단차는 두 도로의 성격을 다르게 만들었다. 거주민이 사용하는 골목길과 외부인이 사용하는 넓은 길, 옆집을 이어주는 길과 도시를 이어주는 길, 조용한 공간과 활기찬 공간으로 나누었다. 진입경험에서도 차이가 난다. 윗길은 서울의 전경을 바라보며 접근하고 아랫길은 아기자기한 골목길에서 시작한다.

경사지에 건축된 보통의 건물들은 옥상층을 주차장으로 사용하고 1층을 출입구로 또는 반대로 계획하여 윗길과 아랫길의 경계를 명확하게 구분 짓는다. 하지만 이곳은 옥상층을 전망대로 조성해 경계를 허문다. 수직 동선인 계단을 통해서는 사람들을 위아래로, 아래위로 끌어당긴다. 군이 '콤포트' 방문객이 아니어도 이용할 수 있다. 명확히 성격이 나뉜 두 길을 융화시키는 데에 최적이다. 계단 폭만 봐도 그렇다. 법적 기준을 가뿐히 넘는다. 공공성을 강하게 띤다. 계단이지만 사실상 길로 여겨진다. 덕분에 두텁바위로와 소월로, 두 도로 간의 경계는 모호해지고 성격이 중화된다.

사람들은 별생각 없이 계단을 오르내리고 건물의 입면이 그 덕에 동적으로 바뀐다. 이러한 역동성은 계단의 표면에도 영향을 미쳤다. 음각 거푸집 곡선을 세로로 새겨 수직성과 리듬감이 느껴진다. 상업건물이 지녀야 할 생기 넘치는 모습은 물론, 복합문화공간으로서 다채로운 사람들의 이야기를 담아낼 기능도 갖추고 있다. 계단이 기능적인 요소를 넘어 오브제로 돋보이는 까닭이다.

중앙에 자리한 1층 계단은 존재감이 넘친다. 공간을 둘로 나눠 깊고 얕은 공간을 만들어낸다. 또 이리저리 휘감고 올라가 다른 층의 매스도 분할하고 다시 툭 튀어나온다. 역동적인 계단은 때로는 가림막이 되어 건물 앞 주택을 가려주기도 한다. 건물이 사라지고 하늘이 보일 때쯤 새로운 풍광을 즐길 수 있다. 한쪽으로 계단을 몰아 후암동 뷰를 마음껏 즐길 수 있게 해준 덕이다. 벽체를 최소화하고 유리로 외피를 구성하여 건물과 주변이 만들어낸 풍경은 자연스레 눈앞으로 다가온다. 계단과의 관계로 각 층의 성격이 더욱 명확해진다.

기존 접근 방식이었던 엘리베이터, 계단, 경사로의 물리적 단차를 극복하는 장치를 넘어 다양한 활동을 담아내는 계단 길, 공간에서도 강렬한 인상을 남기는 오브제로서의 건축물인 '콤포트'. 계단의 적극적 활용은 주변을 활기차게 만들고 사람들을 끌어모으는 구심점이 될 수 있다고 말해 준다.

—

건축 : 경계없는작업실
용산구 후암동 358-144
11:00 - 21:00 (월요일 휴무)

❾ 그라운드시소 서촌
터무니 있는 공간

'터무니'라는 단어가 있다. 터에 새겨진 흔적이다. 집을 지을 자리나 일이 일어날 수 있도록 해주는 밑바탕의 뜻을 지닌 '터'에 흔적을 남기는 '무늬'가 변형된 '무니'가 결합된 단어다. 그래서 논리적인 근거가 없는 상황을 두고 '터무니없다'라고 한다. 그대로 뽑아 다른 곳에 옮겨도 전혀 어색하지 않은 건물은 땅과의 연결고리가 약하다. 그런 건축물을 두고 터무니없는 건축이라고 평가할 수 있다.

건물은 땅 위에 지어진다. 그러니 그 땅을 이해하고 해석하는 게 중요하다. 빛, 향, 바람, 소음과 같은 요소를 분석하는 것부터 대지가 지닌 맥락, 분위기, 역사, 주변을 둘러싼 수많은 이해관계까지, 이들을 조사하는 과정에서 건물 전체를 아우르는 핵심 아이디어가 도출되고 그것이 외부 형태 혹은 내부 공간으로 표현돼 좋은 경험을 주는 공간이 탄생한다. 이러한 건축물은 잡초와 달리 다른 곳으로 옮겨 심으면 환경에 적응하지 못해 금방 시들어 버린다.

자리한 땅과 어울리지 못하고 제대로 뿌리내리지 못하기 때문이다.

'그라운드시소 서촌'의 바로 옆에는 백송 터가 자리한다. 그 자리에 있던 백송은 1991년 나무가 생명력을 잃기 전까지 우리나라 백송 중 가장 크고 아름답다고 평가받던 천연기념물이었다. 지금은 몸통만 남아 그것만으로 지난 2백여 년의 시간을 회상할 뿐이다. 좁은 골목길을 지나 나타나는 백송이 마을 주민들의 쉼터가 되고 거리에 상징성을 부여했었다. 바로 옆에 들어선 현대적인 건축물 '그라운드시소 서촌'은 백송의 역할을 대신한다.

대지 주변은 2층 규모의 벽돌 주택이 많다. 외관은 주변 맥락을 따라 벽돌을 쌓아 올려 도시 경관을 해치지 않고 적절히 동네에 스며든다. 그러나 내부는 다르다. 건물을 한쪽으로 몰고 남은 정사각형 부지는 우물처럼 중간이 뻥 뚫렸다. 뚫고 남은 공간은 야외공간이 되어 1층부터 4층까지 오르내리며 중정을 다양한 각도에서 바라볼 수 있게 한다. 그렇지만 바라만 볼 수 있다. 중정에는 나무도 있고 물도 흐르지만, 들어갈 수 없다. 백송의 중심이 가지를 지탱하는 몸통이듯 이 건물도 그 방식을 따른다. 나뭇가지는 각 층의 테라스가 대신한다. 3, 4층 테라스에서 보이는 인왕산의 수려한 산세가 1층에서 느낀 자연 경험과 심리적으로 연결된다. 2층에서는 외피인 벽돌 사이로 빛이 들어와 자연과 인공의 경계를 허문다. 나뭇잎 사이로 빛이 들어오듯. 나무 기둥 주위가 그늘 쉼터였던 것처럼 사람들은 중정 주위의 천장 그늘에서 쉰다. 백송 터에 새겨진 무늬가 이 건물에도 새겨져 있기에 '그라운드시소 서촌' 역시 이 땅에서만 뿌리내려 자랄 수 있다.

–

건축 : SoA
종로구 자하문로6길 18-8
10:00 - 19:00 (매달 1번째 월요일 휴무)

Summer

여름

서울은 언제나 뜨겁다. 무엇이든 빠르게 변하고 사라지며 생겨나기를 반복한다. 빨리 달아올라 금방 식어버릴 것 같지만, 생각보다 뜨거움은 오래 이어진다. 성수동은 젊은 열기로 가득하고, 용산역 일대는 국가 주도로 큰 변화를 맞이하고 있다.

무더운 여름이면 서울의 열기는 절정으로 치닫는다. 숲이 많으면 그늘져 시원하다던데, 빌딩 숲의 서울은 그렇지 않다. 강남의 테헤란로는 진열장에 진열된 보석처럼 우리 눈을 즐겁게 해준다. 그렇지만 걷고 싶은 거리는 아니다. 태양이 작열할 때면 그 거리는 더욱 후덥지근하다. 건물이 그늘을 만들어도 나무처럼 기대어 쉴 수 없는 노릇이다. 더위를 피할 곳을 찾지만, 결국엔 카페로 들어간다. 다이내믹한 서울에서의 여름 경험은 획일적이다.

여름만이 선사하는 청량함과 시원함이 있다. 지난여름을 추억으로 만들어주고 다가올 여름을 설레게 한다. 하지만 온몸을 끈끈하게 만드는 습도와 이글거리는 태양, 콘크리트 도시의 삭막함 탓에 우리의 여름은 두렵기도 하다.

좋은 기억들로 채워져 다가올 여름을 기대할 수 있게, 서울에서 즐길 수 있는 다양한 여름 공간을 소개해 본다. 쉼터가 되어 줄 공간에서 여름이 주는 강렬함과 청량함을 오롯이 느껴보길.

강렬함 Intensity

진취적인 형태로 강렬한 인상을 남기는 건물, '내를 건너서 숲으로 도서관'과 '송은'은 직각삼각형 형태의 건물이 도로를 향해 날카롭게 뻗어 있다. '내를 건너서 숲으로 도서관'은 경사면이 계단광장을 만들어 숲을 조망하게 하고, '송은'은 내부 공간으로 빛을 품는다. '은평구립도서관'은 흡사 신전과 같다. 세 곳 모두 첫인상만 보면 들어가길 주저하게 만든다. 그렇지만 막상 다녀오면 곳곳에 도시민을 배려하는 센스가 묻어나와 선명히 기억된다.

때론 형태보다 경험이 그 공간의 기억으로 남는다. '국립항공박물관'은 전시장에 매달린 비행기와 그 사이를 지나는 경사로로 구성된다. 매달린 비행기 아래를 신나게 뛰어다니는 아이들을 보면 구름 위를 떠다니는 또 다른 비행체가 보이는 것 같다. 'LG아트센터 서울'은 건물을 관통하는 튜브형 복도가 시선을 끈다. 대강당과 부대 시설이 이 건물의 주요 프로그램이지만, 콘크리트와 대비되는 목재, 지금까지 볼 수 없었던 공간 형태가 보는 이를 매료시킨다.

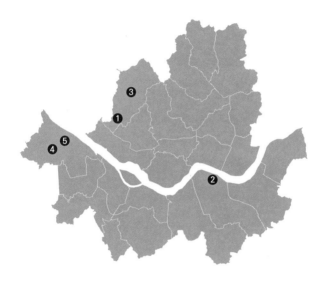

❶ 내를 건너서 숲으로 도서관

❷ 송은문화재단 신사옥

❸ 은평구립도서관

❹ 국립항공박물관

❺ LG아트센터 서울

❶ 내를 건너서 숲으로 도서관
한 편의 시가 건축으로 구현됐을 때

지하철역에서 불광천을 바라보며 걷다가 이면 도로 깊숙이 들어서면 독특한 이름의 도서관이 보인다.

'내를 건너서 숲으로'.

간단명료해야 좋을 공간 명칭에 문장이 쓰였다는 건 나름의 특별한 까닭이 있을 터. 비단산 근린공원 초입에 자리한 도서관이기에 그 위치를 알리기 위해 지은 이름이 아닐까. 조금 더 공간을 살펴보자.

이 도서관은 시인 윤동주의 탄생 백 주년을 기념한다. 도서관이 자리한 땅이 시인의 생가는 아니지만, 그가 다녔던 평양 숭실학교의 맥을 이은 숭실중학교가 근린공원 서측에 자리한다. 그곳에서 윤동주 시인은 7개월간을 수학하면서 많은 작품을 집필했다.

'내를 건너서 숲으로 도서관'은 1938년 5월 그의 유고 시집 『하늘과 바람과 별과 시』에 수록된 「새로운 길」의 첫 문장이다. 땅을 가르는 천을 건너 숲으로 향하고, 오르막길을 올라 마을에 이르는 여정은 고난 뒤에 펼쳐질 평화의 메시지를 담고 있다. 민족 수난기인 일제강점기, 치열하고 아팠던 삶에서 그 길을 나서는 청년의 마음가짐을 생생하게 보여 주는 작품이다. 그의 메시지는 '내를 건너서 숲으로 도서관'에 오롯이 담겨 있다.

상징과 제품, 크게 둘로 나뉜 현대 건축의 지향점에서 전자는 역사, 전통, 맥락, 장소와 같은 인문학적 요소에 기반을 두고 공간을 전개한다. 기념관과 전시품이 정해진 미술관, 상징성을 지녀야 하는 건물은 그 특징이 두드러진다. 윤동주 시인을 기념하기 위해 만들어진 도서관 또한 그러하다. 시에 담긴 압축과 절제된 표현들이 도서관에 고스란히 녹아 있다.

산을 향해 수렴하는 건물은 계단형 광장을 만들어 산을 바라보게 하고, 그 반대편은 하늘로 날카롭게 뻗어간다. 역동적인 힘을 지닌 건물은, 길은 같지만 매번 새롭게 그 길을 바라보며 앞으로 나아가는 시 속 청년의 마음과 같다. 도서관 양측에는 초등학교와 놀이터가 있고, 인근엔 주거지와 다섯 학교가 있다. 놀고 공부하며 산책하다 마주하는 도서관에는 로비가 없는 대신, 건물 곳곳에 입구가 있다. 그러니 어디서나 건물로 진입할 수 있다. 반대로 어디로 나가든 공원을 통해 비단산을 마주하게 된다. 윤동주의 시에 등장하는 민들레, 까치, 아가씨, 바람처럼 이리저리 옮겨 다니며 마주하는 장면은 전진의 원동력이 된다. 그래서 도서관은 대로 탓에 단절된 동네와 산을 이어주는 매개다.

대지는 사다리꼴이다. 대로변과 수직인 선과 대지의 사선이 만나 도서관 공간은 다채로워졌다. 사선의 일부는 계단이, 수직선은 열람실이 됐으며, 둘 사이를 이으며 생긴 공간은 층간 시선 공유를 가능하게 한다. 눈높이에 맞게 뚫린 창, 서가 위로 뚫린 얇은 창을 통해 들어오는 빛과 창밖으로 보이는 푸른 잎은 내부 공간을 생동감 있게 만든다.

부끄러움에 끝없이 고뇌한 청년이었지만, 윤동주의 시는 오늘날 우리가 길을 잃지 않게 해주는 빛이 되어 준다. 육첩방을 밝혔던 등불이 더는 꺼지지 않는 지금, 그 이유를 도서관을 거닐며 느껴보는 건 어떨까.

—

건축 : 조진만건축사사무소
은평구 증산로17길 50
09:00 - 22:00 (월요일 휴무, 주말은 18:00까지)

❷ 송은문화재단 신사옥
나를 어필하는 방법

앞서 소개한 '내를 건너서 숲으로 도서관'과 '송은'은 형태적 유사성을 띠고 있지만, '송은'은 도시와 주변 건물의 맥락, 대지의 법적 규제로 생겨난 형태다. 최대 용적률과 높이 제한을 충족하면서도 '송은' 뒤편에 자리한 다른 건물의 일조량 침해를 방지하기 위해 이 건물은 삼각형 매스를 지닌다.

'송은'이 자리한 강남 도산대로는 명품 패션 브랜드 건물로 가득한 지역이다. 각기 다른 모습으로 자신을 뽐내기에 바쁘지만, 어느 것 하나 눈에 들어오지 않는다. '송은'은 두 개의 직사각형 창만 뚫린 채 대로변에 면해 있다. 첫인상에서는 자신을 드러내고 싶지 않아 보이지만, 하늘을 찌르고 가를 듯한 형태는 주변과 대비되어 사람들의 이목을 집중시키고, 시민을 위한 공간 계획은 머릿속에 쉽게 각인된다. 굳이 뽐내지 않아도.

'송은'은 비싼 땅, 청담동에서 1층을 전부 로비로 사용한다. 시민들에게 열린 공간을 제공한다. 입구는 미디어월과 작은 정원으로 구성되어 주변과 연결되며 행인들을 안으로 이끈다. 지하 2층부터 지상 3층은 무료 전시 관람 공간으로 예술을 접할 수 있는 공공공간의 성격을 띤다.

1층에 들어서면 앞으로 어떤 공간이 펼쳐질지 예상하기 어렵다. 지하 주차장으로 이어지는 자동차 램프의 지붕이 건물 한가운데를 지나가며 구멍을 만들고 사람들이 지하를 바라볼 수 있게 한다. 구멍을 통해 들어오는 산란된 빛은 지하 내부를 극적으로 바꾼다. 공간에 심취하려 할 때 계단은 방문객을 지상 2층으로 향하게 하여 다른 모습을 펼쳐 보인다. 2층에 다다르면 창문 너머의 정원을 발견하고 길게 난 복도를 따라 걸으면 3층으로 이어지는 계단이 눈에 들어온다. 그 과정에서 보이는 주변 건물과 자연은 예상치 못한 모습으로 다가와 도시를 색다르게 인식하게 한다.

협소한 대지에 일정 규모의 전시 공간을 넣으려면 어쩔 수 없이 공간을 나누어 수직으로 쌓을 수밖에 없다. 그러면 각 층은 일관된 경험을 방문자에게 주어야 하는데 '송은'은 바닥 재료와 입면 패턴으로 그 일관성을 유지한다. 소나무 결의 거푸집을 사용한 콘크리트면은 나뭇결이 그대로 드러난다. 나무 그림자가 투영된 외관이 갤러리에 사용된 나무 바닥과 시각적으로 연결되어 내부의 경험을 한층 더 탄탄하게 만든다.

　건축가는 강남을 돌아다니며 영감의 장소를 찾아볼 수 없다고 말했다. 1층 일부를 공개공지로 내줘야 하는 법적 규제가 있지만, 이는 건물 사용자만을 위한 공간인 경우가 대부분이었고 입구를 강조하기 위한 단일 장치로 사용되어 공공성을 띠지 못했다. 각종 법규와 주변 건물과의 관계 때문에 건축가는 마음대로 선을 긋지 못하다 보니 상업 건물에서 공공성은 우선순위에 밀려나는 경우가 허다하기 때문이다. 자본주의 사회에서 이익을 위해 자기 건물에 욕심을 부리는 게 당연한 현상일 수도 있겠지만, '송은'은 건축이 보다 나은 도시를 위해 어떻게 시민에게 다가갈지를 말해주며 모두에게 열린 영감의 원천이 되어 준다.

–

건축 : 헤르조그 앤 드뫼롱 + 정림건축
강남구 도산대로 441
11:00 - 18:30 (일요일 휴무)

❸ 은평구립도서관
반듯한 정장을 걸친 백발노인

나는 건물을 사람에 비유하곤 한다. 규모가 큰 건물을 의
인화하면서 건물이 주는 부담을 덜어내기 위함이며, 공간
을 분석하는데 조금은 더 친근하게 이해하고 해석하기 위
함이다. 건물이 지닌 입면과 재료, 디테일, 땅에 대응하는
자세를 보며 어떤 건 차갑고 정 없는 사람, 어떤 건 따뜻하
고 배려심 깊은 사람, 또 어떤 건 제멋대로 행동할 것 같아
곁에 다가가기 꺼려지는 사람까지, 다양한 표정으로 나에
게 다가오는 건물은 다양한 사람과 마주하며 대화하는 것
과 같다.

6호선 연신내역에서 내려 굽어진 골목길을 오르다 보면
북한산자락에 자리한 도서관이 눈에 띈다. 신전이 생각나
는 '은평구립도서관'이다. 경사에 맞춰 단을 만든 건물은
단마다 형태가 반복된다. 세 번 반복되다 육중한 두 건물
덩어리까지 추가되어 형태에 마침표를 찍는다. 매스들이
좌우대칭 구조를 강조한다.

대칭성과 반복성은 형태에 안정감을 주지만, 규모가 커지면 위엄을 지닌다. 더군다나 차가운 이미지의 노출콘크리트가 주재료로 사용되었으니, 건물의 첫인상은 주름 하나 없이 반듯한 정장을 갖춰 입은 신사이다. 하지만 건물을 오르내리고 내부를 경험하다 보면 그러한 생각은 금세 바뀐다.

　대지 경사는 서쪽을 바라보고 있어 건물의 창도 서향이다. 서향은 태양 빛이 내부로 깊숙이 침투하기에 책의 손상을 막아야 하는 도서관에서는 반가운 요소는 아니다. '은평구립도서관'은 응석대를 두어 열람실 내부로 들어오는 직사광선을 차단한다. 응석대는 단마다 반복되어 각 층 옥상에 쉼터를 만들어주고 사람들을 포근히 안아준다. 건물 중심에는 '반영정'이라고 불리는 공간이 있다. 물이 채워지면 자연스레 수면에 하늘이 투영되는 공간이다. 중심으로 향하는 공간 배치 덕에 푸른 하늘, 움직이는 구름, 변하는 빛과 색을 어디서나 감상할 수 있다. 고개를 숙인 채 책만 바라보는 독자를 배려한 셈이다.

　차가운 이미지에서 묻어나는 배려심. 내부는 세월의 때가 묻은 오래된 인테리어와 책이 풍기는 내음으로 익숙함이라는 단어를 떠오르게 한다. 건물을 끝까지 올라가 보

자. 그곳에 서면 불광동의 풍경이 막힘없이 펼쳐진다. 그
리고 그 뒤엔 건물이 앉히면서 단절되려 했던 산책로를 이
어주는 다리가 있다. 소설가의 길, 음악가의 길, 화가&조
형가의 길, 시인의 길, 철학자의 길을 차례로 걸으며 건물
의 무한한 인심을 느낀다. 왠지 백발노인의 모습이 떠오른
다. 마치 애니메이션 영화 '업'의 할아버지나 앤 해서웨이
가 주연으로 나오는 '인턴' 속 벤 휘터커처럼.

–

건축 : 곽재환
은평구 통일로78가길 13-84
평일 09:00 - 22:00 (월요일 휴무)
주말 09:00 - 18:00

❹ 국립항공박물관

욕망에서 누군가의 꿈이 되기까지

인류는 예로부터 공간을 점령하고자 하는 욕망에 사로잡혀 왔다. 땅 위에서는 수단과 방법을 가리지 않고 공간을 통제했지만, 뚜렷한 경계가 없는 하늘은 변덕스러운 날씨부터가 통제 불능 영역이었다. 바다와 다르게 하늘은 가장 높은 곳에서 모든 상황을 지켜보고 어디든 도달할 수 있었기에 신의 영역으로도 여겨졌다. 인류는 하늘에 도달하기만 한다면 모든 곳을 점령할 수 있다고 생각하여, 신과 같은 지위를 얻기 위해 새를 표방했다. 우리 선조들이 새의 알을 이용해 왕의 출생을 신화화한 것도 자신들의 수장을 초월적 능력을 지닌 특별한 존재로 각인시키려는 의도에서였다.

기술이 발전하면서 '하늘=신의 영역'이라는 관점은 특정 종교인에게만 해당하는 이야기가 되었다. 그러나 하늘의 특성은 변하지 않았기에 더 멀리, 더 높이, 더 빠르게 날아오르는 항공 기술은 여전히 국가의 위상을 높이고 외세로부터의 안전을 보장한다.

대한민국 항공의 역사를 보여 주고 현재의 기술력을 과시하며 미래 비전을 제시하는 '국립항공박물관'은 그 자체로 상징성이 짙은 건축물이다. 김포국제공항 바로 옆에 위치하기에 한국을 방문하는 전 세계인에게 우리나라의 위상을 뽐낼 수 있는 장소이기도 하다.

건물은 쉽게 인지될 수 있는 상징적인 형태를 지녔다. 도시의 랜드마크로 작동하기 위해 비행기 프로펠러와 새의 깃털을 연상시키는 외관이 특징이다. 외부에서부터 건물 내부 프로그램을 지레짐작할 수 있다.

반면 그 누구도 내부에 대형 항공기가 실제 크기로 떠 있으리라곤 상상하지 못할 것이다. 떠 있는 비행기는 내부로 들어온 이들에게 '와우' 포인트로, 자칫 지루해질 수 있는 전시 경험을 환기한다. 비행기 사이로 원만한 원을 만들며 올라가는 스카이워크는 관객이 공간을 떠다니는 듯한 느낌을 준다. 동시에 창문 사이로 들어오는 빛과 맞물려 방문자의 공간 경험을 극대화한다. 옥상 전망대에서는 항공기가 이착륙하는 모습을 보며 항공 강국이 된 우리나라의 위상을 확인할 수 있다. 건물이 있는 강서구 항공동의 장소적 특성을 잘 활용했다.

라이트 형제의 무모했던 도전은 전 세계가 열광하는 도전이 되었다. 이제 인간은 하늘을 넘어 심지어 우주까지 정복하려 한다. 국가의 위상을 담아 국민에게 자부심을 느끼게 하는 '국립항공박물관'은 현재, 어린이에게 꿈을 꾸게 하는 장치로서 미래 비행인, 우주인을 양성하는 발판이 되고 있다.

-

건축 : 해안건축
강서구 하늘길 177
10:00 - 18:00 (월요일 휴무)

❺ LG아트센터 서울
땅은 항상 우리에게 말을 건다

설계과정에서 선행되어야 하는 건 대지 분석이다. 대지의 생김새, 높낮이, 이를 둘러싼 수많은 자연과 건물, 심지어 그 땅이 지닌 역사까지, 크고 작으며 보이고 보이지 않는 것 하나하나 분석하여 땅의 메시지를 읽어야 한다. 겹겹이 쌓여 무수히 많은 이해관계로 얽히고설킨 땅에는 설계의 실마리가 반드시 있기 때문이다.

공간을 탐험하면서 종종 건축가의 의도가 궁금해지는 곳이 더러 있다. 주 출입구 위치, 창이 난 방향, 건물이 잘게 쪼개져서 배치된 방식과 그 이유, 심지어 파사드의 형태와 거기 사용된 재료까지 쉽게 납득이 가는 부분도 있지만, 건축가의 의도를 읽어내기 어려운 공간도 분명 꽤나 있다. 그럴 때면 언제나 질문에 대한 답은 땅과 깊은 관련이 있었다.

'LG아트센터 서울'은 개장 전부터 세간의 관심이 높았던 곳이다. 세계적인 건축가 안도 다다오의 작품인 동시에

'튜브형 복도'가 사람들의 호기심을 자극하는데 충분했기 때문이다. 예상대로 개장 이후 많은 이가 주목한 부분은 튜브형 복도였고, 나 역시 그곳에 관심이 쏠렸다.

선은 방향을 제시한다. 공간에서 선처럼 인식되는 튜브형 복도는 사람들에게 방향을 제시하고 동선 흐름을 유도한다. 처음엔 복도가 가리키는 방향이 어색하여 그곳을 한참 동안 서성였다. 지하철역으로 향하는 입구는 수긍이 갔지만, 반대편은 아무리 생각해도 특별한 이유가 없었다. 보통 방향을 제시한다면 유동 인구가 많은 지하철역이나 역사적으로 중요한 건물이 양 끝에 있기 마련이다. 하지만 이곳은 아니었다. 설계의 실마리를 찾기 위해선 좀 더 거시적으로 대지를 분석할 필요가 있었다.

'LG아트센터 서울'이 자리한 이 땅은 마곡지구로, 이곳의 랜드마크이기도 한 '서울식물원'이 있다. 식물원 북쪽으로는 한강이 있으며, 한강으로 흐르는 강물은 식물원을 지나 이곳까지 도달한다. 그래서 자연스럽게 그 주변은 녹지 공간을 형성하며, 남쪽으로는 올곧은 공원과 문화 공간인 '스페이스K'가 있어, '서울식물원'과 '스페이스K'까지 이어지는 녹지 축이 형성되어 있다.

올곧은 녹지 축과 한강으로 흐르는 나선형 축이 만나는

지점에 'LG아트센터 서울'이 자리하고 있음을 알게 된 순간, 궁금증이 풀렸다. 건축가는 대지가 지닌 최대 장점이기도 한 녹지 축을 두텁게 해야 한다고 생각했을 것이다. 기업이 진행한 사업이지만, 공공성의 비중이 더 큰 건물인만큼 동선을 내부로 유도하는 동시에 이미 그어진 선을 강조해야 했다. 그래서 건물에 선을 그어 방향을 제시했고, 덕분에 그 선은 건물에 독특한 개성으로 남았다.

이번에도 땅은 우리에게 말을 걸었고, 건축가는 일찍이 땅의 메시지에 귀 기울였다. 그렇게 땅과 밀접한 관계를 맺은 공간은 우리가 땅이 주는 메시지를 더 잘 들을 수 있게 했다. 덕분에 더 많은 이가 녹지 축을 따라 이곳을 거쳐 간다.

-

건축 : 안도 다다오 + 간삼건축
강서구 마곡중앙로 136
10:00 - 23:00 (월요일 휴무)

청량함 Refreshing

누가 뭐라 해도 여름에는 푸른 나무와 숲을 바라보는 게 하이라 이트이지 않을까. 그것도 시원한 에어컨 바람을 쐬면서 말이다. '오동 숲속도서관'은 월곡산 산책로의 시작점에 있다. 사방이 숲 으로 둘러싸여 자연의 숨결을 느끼고, 목구조로 구성된 공간에서 나무와 호흡하며 더위에 지친 몸과 마음을 어루만진다. '아모레 성수'는 도시의 오아시스와 같다. 공장 지대였던 성수동이었으 니, 그 주변에 자연 요소는 적다. 중정에서는 비비추, 노루오줌, 앵초, 한라부추 등 우리 땅에서 난 식물이 자란다. 다채로운 식물 을 가까이 관찰할 수 있지만, 정원을 헤집고 돌아다니지는 못한 다. 그래서 바라만 봐도 즐거운 여름과 제법 잘 어울린다. 같은 기업의 사옥, '아모레퍼시픽 본사'에서도 '아모레 가든'을 조성하 여 녹지 공간을 확보했다. 비록 직원만 이용할 수 있어 아쉬움이 남긴 한다. 그러나 1층을 공용공간으로 조성해 조형물을 설치했 으며 로비는 일반인 누구나 출입할 수 있다.

❻ 오동 숲속도서관
❼ 아모레 성수
❽ 아모레퍼시픽 본사

❻ 오동 숲속도서관

낭만 도시

좋은 도시와 그렇지 않은 도시를 비교할 때, 디테일 차이를 언급하곤 한다. 건물의 입면, 표지판, 가로수, 자동차 등. 도시를 구성하는 외적 형태나 장식, 그것들의 조화 여부를 통해 가치를 판단하지만, 더욱 중요한 건 사람과 관계 맺음에서 생겨난 다양한 이야기를 담아낼 공간의 유무다. 우연한 만남이 이루어지고 크고 작은 이벤트를 수용할 수 있는 곳, 그런 공간이 많아지면 도시는 활기차고 낭만이 넘친다.

파리가 좋은 도시로 손에 꼽히는 건 문화를 간직한 디테일 이전에, 누구나 쉽게 마주할 수 있는 열린 공간과 공공 공간이 각양각색의 일상을 담아내기 때문이다. 작은 공원부터 넓은 공원, 크기에 상관없이 접근성 좋은 공공공간은 사시사철 사람들을 끌어모아 이야기를 만든다. 파리하면 누구나 낭만을 떠올리는 까닭이 바로 여기에 있다. 우리나라는 공원 수는 적지만, 산은 많다. 똑같은 녹지인데도 경사로 인해 접근성은 떨어지고, 걷고 앉아 쉴 수 있는 면적은 작다. 거기에 공공시설물의 수도 적으니, 도시 골목에 낭만이 싹트기 어렵다.

월곡산 산책로 초입에 자리하여 공원 길 연장이 되는 '오동 숲속도서관'은 파리의 열린 공간처럼 다양한 프로그램을 수용하고 사람들에게 휴식을 선물한다. 건물은 오동 공원길 흐름에 따라 회전하는 토네이도 형태로, 지붕은 틈을 만들며 조금씩 올라가고, 지면은 단을 만들며 내려간다. 틈 사이로 들어오는 빛은 시간 흐름에 따라 분위기를 바꾸고, 단은 여러 레벨에서 공원을 바라보게 한다. 작은 공간이지만 경험은 다채롭다.

공간은 크게 독서 공간, 어린이책 공간, 안내데스크, 회랑, 사무실로 구성된다. 건물은 벽이 아닌 나무 책장이 중첩되어 방과 복도를 만든다. 이로써 동선을 구분한다. 과감히 비워낸 공간은 나무 내음으로 가득 차고, 책 사이로 걸러진 빛은 은은하게 내부를 밝힌다. 덕분에 책장으로 둘러싸인 이 건물 내 가장 큰 공간은 조금 좁지만, 답답하지는 않다. 벽이 필요 없는 목구조 덕분이다.

'오동 숲속도서관'은 본래 오래된 목재 파쇄장이었다. 먼지가 날리고 소음 민원이 끊이지 않던 곳이었다. 서울시가 2019년부터 추진 중인 공원 내 책 쉼터 사업 덕에 이곳은 독서와 치유의 공간으로 탈바꿈되었고, 우리 도시에 낭만을 불어 넣는다. '오동 숲속도서관'처럼 도시 곳곳에 더 많은 쉼터와 도서관이 지어질 예정이니, 서울도 낭만 도시가 될 수 있지 않을까.

—

건축 : 운생동건축사사무소
성북구 화랑로13가길 110-10
09:00 - 18:00 (월요일 휴무)

❼ 아모레 성수

도시의 오아시스

성수동은 공장 지대였다. 1960년대부터 인쇄소, 공업사가 성수동에 모여들기 시작했고, 1990년대에는 외환위기 이후 어려워진 재화 업체들이 이 근방으로 대거 이전했다. 관련 부자재 업종도 근거리에 들어서면서 산업 생태계가 형성되었고, 그 모습이 성수동의 정체성으로 자리 잡았다.

산업 쇠퇴와 함께 저물어 간 성수동은 슬럼화를 겪으며 회색빛 골목이 되었다. 서울시는 슬럼화를 막기 위해 이 일대를 도시재생 시범 사업 구역으로 지정했다. 창고였던 공간이 카페로 변하거나 디자이너의 공방으로 변하면서 이곳은 방문객의 발길이 끊이지 않는 동네가 되었다. 성공적인 도시재생 사례로 꼽히는 성수동은 과거, 현재, 미래가 공존하는 서울의 몇 안 되는 동네다. 희소성을 중시하는 요즘 시대에 핫플레이스로 자리매김하면서 문화적 역동성이 가득하다. 그런 까닭으로 분야를 막론한 다양한 브랜드가 성수동에 입점하여 자신들을 어필한다.

'아모레 성수'는 도시에 부재한 녹지 공간을 통해 사람을 끌어모은다. 자동차 정비소를 리모델링한 이곳은 오랜 시간을 견디며 포개어진 시간의 아름다움과 중정에 조성된 정원의 생명력을 통해 브랜드를 어필한다. 더 나아가 근방을 푸른 빛으로 물들인다.

정비소의 바닥은 단차가 이채롭다. 차 수리를 위해 70 센티미터 정도 파인 부분이 많다. 그러니 같은 높이의 천장에 다른 깊이의 바닥이 형성되어 사람들에게 다채로운 공간 경험을 선사한다. 바닥 단차를 이용해 가구를 두거나 책상, 의자로 활용하는 모습은 흥미롭다. 메워야 하는 부분은 다른 재질로 마감하여 그곳이 자동차를 정비하는 곳이었음을 간접적으로 보여 준다.

우리나라에서 나고 자란 식물로 가꾼 '성수 가든'에 꽃은 없지만 비비추, 노루오줌, 앵초, 한라부추가 만들어 낸 초록이 주는 아름다움이 있다. 건물 진입로에 있는 리셉션을 시작으로 클렌징 룸, 뷰티 라이브러리, 가든 라운지가 '성수 가든'을 'ㄷ' 자로 둘러싼다. 어디서나 초록을 보고 눈에 담을 수 있다. 나뭇가지에 잎이 나고 빗물이 흐르며 정원이 가을빛으로 물들고 눈이 소복이 쌓이는 계절을 건물 안에서도 확인할 수 있다. 정원은 오직 감상만 할 수 있어서 사색의 시간을 누리기에는 최적이다. 큰 창이 있는 공간에는 계단식 좌석이 놓여 있다. 여기에 앉으면 정원을 올려다보거나 대지 높이에 맞춰 정원을 세심하게 감상할 수 있다. 루프탑에서는 성수동의 풍경과 '성수 가든'을 겹쳐 보게 한다. 해 질 녘 노을과 함께 도심 속 여유를 찾는 즐거운 공간인 '아모레 성수'는 작은 공원조차 없었던 성수동에서 오아시스로 작동한다.

–

리모델링 : HAPSA (권경민, 박천강)
성동구 아차산로11길 7
10:30 – 20:30 (월요일 휴무)

❽ 아모레퍼시픽 본사

땅과 맺는 끈끈한 연대

분지 지형인 한양은 방어의 관점에서 최고의 입지이지만, 외부와의 교류 측면에서는 불리했다. 한양의 배후지는 넓은 평야가 발달하지 않았기 때문에 외부에서 물자를 들여올 수밖에 없었다. 한양도성과 한강을 잇는 최단 거리인 '용산역-서울역-남대문-경복궁'의 육로인 현재의 한강대로와 이것을 끼고 있는 한강로동이 지금까지 서울의 주요 축으로 남아 있는 이유다. 하지만 일제강점기 일본군은 용산역과 용산정비창, 용산공원을 각각 군사 물자운반기지, 병영기지, 군사기지로 사용하면서 용산역과 맞닿은 한강로동을 섬처럼 가두었다.

우리 정부는 미래 백년을 책임질 서울의 중심부를 용산이라 말한다. 그에 걸맞게 용산역과 서울역을 지나는 경부선 철도를 지하화하여 녹지 축을 만들고, 용산 정비창을 국제업무지구로 조성하며, 용산공원과 국제업무지구를 공원으로 잇는 용산 게이트웨이 사업도 추진한다. 근현대사에서 그늘이었지만, 한강로동은 밝게 빛나 '용(龍)'산처럼 그 위엄을 되찾을 것으로 보인다.

걱정거리 하나가 앞선다. 용산이 강남과 비슷해지면 어쩌지. 우후죽순 들어서는 용산 일대의 빌딩을 보고 있으면 역사적으로 중요한 이 땅도 맥락 없이 개발된 강남과 다르지 않은 경관을 지니게 될까 우려스럽다.

'아모레퍼시픽 본사'는 하층부가 공공공간으로 계획되어 새로운 녹지 축과 물리적으로 이어지고 상층부의 '아모레 가든'과도 시각적으로 이어질 가능성이 있다. 거기에 지하의 '아모레퍼시픽 미술관'이 용산의 문화예술 축을 두텁게 하여 건물 전체가 대지와 끈끈한 연대를 맺는다.

이 건물의 핵심은 '아모레 가든'이다. 입방체 사면에 뚫린 거대한 개구부가 건물의 개성이듯 실내에서도 그 공간이 강조된다. '아모레 가든'의 중앙은 얕은 물로 채워져 있고, 바닥은 유리로 마감되어 있다. 유리 바닥에 산란하는 자연광은 1층 아트리움을 밝게 비춘다. 사방으로 개방된 출입문을 통해 제각기 다른 방향에서 진입한 사람들의 시선은 모두 천장으로 모인다.

가든에서는 서울의 녹지가 펼쳐지고, 곳곳에 심어진 조경과 겹쳐 입체적인 경관을 만든다. 물소리가 공간을 채우고, 건물이 프레임을 만들며 하늘을 담는다. 4층뿐만 아니라 다른 층에도 '아모레 가든'이 있어 방문객은 어느 층에서도 남산타워와 도시 전경, 숲의 경관을 바라볼 수 있다.

물자와 사람이 오가면 문화도 자연스레 유입되기 마련이다. 그래서 용산에는 굵직한 전시관도 많다. 리움미술관, 철도박물관, 전쟁기념관 등. '아모레퍼시픽 미술관'은 신진 작가 발굴에 힘쓰며 용산에 예술문화의 꽃을 피운다.

과연 이곳은 어떻게 바뀔까. 이 땅의 중요성을 깨닫고 장소성을 살리는 방향으로 발전해 갈까. 아모레퍼시픽 본사가 길잡이가 되어줄 것이다.

매년 10월, 도슨트 투어를 진행하는 오픈하우스
서울 프로그램이 있다.
선착순으로 신청하면 '아모레 가든'을 방문해 볼 수 있다.

–

건축 : 데이비드 치퍼필드 + 해안건축
서울 용산구 한강대로 100 아모레퍼시픽
아모레 가든 : 현재 출입 불가능
아모레퍼시픽 미술관 : 10:00 - 18:00 (월요일 휴무)

쉼터 Resting Place

점점 뜨거워지는 날씨 탓에 외부 활동하기 두려운 여름이다. 지친 몸과 마음을 달래러 여름휴가를 떠나지만, 잠시뿐이다. 일상에도 더위가 준 두려움을 떨쳐 줄 쉼터가 필요하다. '문화비축기지'는 석유탱크가 복합문화공간으로 변신한 공간이다. 탱크가 워낙 대규모인 데다가 그 수도 많아서 하루 종일 더위를 피하기에 좋다. '양천공원 책 쉼터'는 이름에 벌써 쉼터가 들어간다. 공원 안에 들어선 작은 도서관은 공원을 산책하다 더위를 피하는 피신처가 되어준다. 지세를 온전히 살린 내부 공간에는 단차가 있다. 덕분에 여러 레벨에서 공원을 조망할 수 있다. '송파책박물관'은 전국 최초로 책의 역사를 전시한다. 모든 전시가 무료로 진행된다. 부담 없이 방문하여 색다른 경험을 해보자.

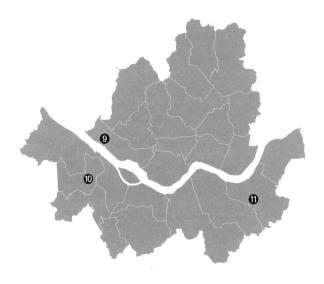

9 문화비축기지
10 양천공원 책 쉼터
11 송파책박물관

❾ 문화비축기지

1급 기밀 시설의 놀라운 변화

예술은 생존과 삶의 경계에서 삶의 본질에 더 다가가게 해 준다. 타인의 자본으로 행하는 건축을 예술로 바라보지는 않지만, 주변과의 조화를 생각하고 그 땅에서만 건축해야 하는 정당성을 찾으며 설계한 '건축물'은 작품이라고 말하고 싶다. 건축가가 설계과정에서 거쳐야만 하는 고민이 결국, 사회를 한층 더 풍요롭게 해줄 것이라고 믿기 때문이다. 그래서 그동안 건축물과 건물을 애써 구분 지어 표현해 왔다.

질적 향상보다 양적 개발이 우선시 된 산업화 시대에는 '건물'이 많았다. 1970년대 1차 석유 파동 직후 국민의 생존권 보장을 위해 서울에 들어선 1급 기밀 시설인 마포 석유비축기지도 그중 하나였다.

맹목적인 개발 지향은 자원 낭비, 환경 훼손 등을 초래했다. 2000년대부터 서울시는 살기 좋은 도시를 표방하며 지속 가능한 개발을 추진했는데, 논의 끝에 마포 석유비축기지는 폐쇄되었다.

지속 가능한 도시와 시민 삶의 질 증진을 위해 건축은 시대에 맞춰 변화하여 건축물이 다양한 역할을 수행하도록 도와야 한다. 마포 석유비축기지는 문화를 비축하는 '문화비축기지'로 재탄생하여 공원, 미술관, 도서관, 쉼터로 기능하며 시민들의 생활이 삶에 다가서는 '건축물'이 되었다.

마포 석유비축기지는 매봉산 사면을 파서 탱크 놓을 공간을 확보하고, 그 위를 다시 덮어 언덕으로 조성되었다. 리노베이션 때는 그 반대의 순서로 문화 시설로의 탈바꿈이 진행되었다. 기지는 크게 여섯 부분으로 구분되는데 탱크를 해체하고 유리로 탱크를 재연하여 전시실로 사용하는 T1, 암반 절개지를 배경으로 야외 공연장이 된 T2, 석유비축기지 당시의 원형을 그대로 간직한 T3, 탱크 내부를 공연과 전시실로 사용하는 T4와 T5, 기지의 중심이 되어 카페, 옥상 마루, 도서관인 에코 라운지로 활용되는 T6이다.

부지가 넓고 다양한 공간 덕에 이곳은 움직이는 만큼 보이고, 보는 만큼 이해하게 되는 탐험형 전시장이 되었다. 그래서 작품을 벽에 걸어 전시하는 일반적인 전시장과 다르게 관객의 경험을 한정하지 않고, 적극적으로 관객과 상호작용한다.

유적지처럼 세월의 켜가 새겨진 탱크 전면 콘크리트 차폐벽을 지나면 현실과 비현실의 경계를 넘나드는 느낌이 든다. 탱크와 콘크리트 옹벽 사이를 걸으며 탱크의 크기를 오롯이 느끼고, 곳곳에 침투한 자연이 세월의 깊이를 말해 준다. 시대에 맞춰 변화하는 건축을 생각해 볼 수 있는 순간이다.

탱크 안으로 들어가 천장 구멍으로 들어오는 빛을 바라보며 생각에 잠기고, 그 구멍으로 유량을 계측하던 작업자의 모습이 오버랩된다. 공간 한가운데에 서서 한없이 작아진 자신을 생각하며, 석유비축기지가 도시에서 담당했던 역할과 그때의 위상도 짐작해 본다. 움직일 때마다 공간을 채우며 울리는 소리의 파장이 오감을 자극하는 순간, 건축의 메시지에 한 걸음 더 다가간다.

–

리노베이션 : RoA Architects
서울 마포구 증산로 87
10:00 - 18:00 (월요일 휴무)

❿ 양천공원 책 쉼터

도서관, 동네 거실이 되다

시대가 흘러 물건의 가치가 바뀌면 그것을 담는 공간도 변한다. 과거의 도서관은 우리가 익히 알던 공공성을 띤 공간이 아니었다. 고대와 중세의 도서관은 책을 수집하고 보관한다는 의미에서 오늘날 도서관과 같지만, 열람할 수 있는 사람들은 성직자와 수도사뿐이었다. 종이는 1세기에 발명되어 서양에 건너가기까지 천 년, 산업혁명으로 대중화되기까지 5백 년의 시간이 걸렸다. 게다가 인쇄술은 15세기가 되어서야 발명되었다. 종이가 대중화되기 전까지 책은 비단과 양피지로 만들어졌기에 정말 귀했다. 그래서 과거의 도서관은 일반인이 책에 쉽게 접근하지 못하도록 내부를 미로처럼 만들었다. 특정 목적을 지닌 특정 사람들만 이용할 수 있었다. 도서관이 고귀하고 위대하며 숭고한 이미지를 지닌 까닭이다.

오늘날 책은 쉽게 구할 수 있다. 가격은 천차만별이지만, 한 끼 식사 정도면 살 수 있는 책이 많고, 배송은 하루

만에 온다. 전자책을 구매한다면 지금 당장 열람할 수도 있다. 책을 수집, 보관하는 것이 무색해질 정도로 한 해 발간되는 신간은 8만 권이 넘는다. 게다가 정보 습득은 미디어 매체로 대신하는 경우도 많다. 책은 더 이상 귀한 존재가 아니며 사람들은 책에서 정보를 얻으려고 하지 않는다. 많은 책 중 어떤 책이 본인에게 적합한 지 고르는 데에 더 많은 시간을 소비해야 하니 바쁜 현대인들이 책을 멀리하게 된 것은 어찌 보면 당연하다.

그래서 오늘날의 도서관은 변하고 있다. 대학 도서관과 국립중앙도서관처럼 장서의 질과 양이 중요한 건물들은 당연히 크고 넓어야 한다. 반면 일반인이 이용하는 도서관은 권위를 강조할 필요가 없어졌다. 오히려 진입장벽을 허물고 있다.

'은평구립도서관'이 오래전에 지어진 도서관처럼 정적이고 조용한 분위기라면, 오늘날의 도서관은 거실처럼 책도 읽고, 수다도 떨고, 강연도 열리는 곳이다. 양천공원에 자리한 '양천공원 책 쉼터'가 그렇다. 도서관 곳곳에 걸린 사진을 보면 알 수 있다. 주민들이 모여 커뮤니티를 형성하며 마을회관이 되었다가 때론 사랑방, 강연장으로 기능한다. 이 건물의 이름을 '도서관'이 아닌 '쉼터'로 지은 까닭이다.

공원 내에 자리하고 있다 보니 자연과 지형지물을 훼손하지 않고 공존하려는 모습이 돋보인다. 느티나무와 감나무를 중심으로 나무 그늘에 둘러앉을 수 있는 외부 공간을 마련하고, 언덕을 활용해 공간 내부를 둘로 자연스럽게 나눈다. 하층부의 계단식 좌석은 폴딩 도어를 열어젖히거나 닫아 공간을 유동적으로 확장, 축소하고 상층부는 어린이 도서를 두어 공간을 분리했다.

쉼터 서측에는 야외 공연장 무대 구조물을 개조하여 만든 어린이 놀이터가 있다. 건물과 공원을 이어주는 가느다란 원형 기둥으로 받친 철판 캐노피는 부모가 기다리며 쉴 수 있는 그늘이 되어 준다. 이처럼 '양천공원 책 쉼터'는 주변 환경과 어우러져 다양한 사용자 풍경을 만들어낸다. 무더운 여름엔 더위를 피할 쉼터이자 언제나 들릴 수 있는 동네 거실도 되어 준다.

–

건축 : 서로아키텍츠
서울특별시 양천구 목동동로 111
10:00 – 19:00 (월요일 휴무)

⑪ 송파책박물관

AI 시대의 도서관이 가야 할 길

광장은 길과 연결되어 사람들을 모이게 하고 동네의 삶을 품어낸다. 저마다 다른 삶의 배경을 지닌 사람들이 한 장소에 모여 같은 추억을 쌓는다. 강연이나 공연이 열리고 비로소 담론의 장이 만들어지면 서로의 생각이 전달되고 광장은 공명한다. 그 울림은 우리가 잊은 소통, 화합을 넘어 공동체의 숨결이 되고 하나의 문화가 된다. 이는 고전적이고 틀에 얽맨 문화가 아니다. 사람들 간의 관계를 만들어주는 인간미 넘치는 문화이다.

2022년 기준, 송파구 인구는 65만 명으로 서울 25개 자치구 중 인구가 가장 많다. 그만큼 문화공간에 대한 수요도 크다. '송파책박물관'은 도시민의 삶을 풍요롭게 해줄 복합문화공간으로 도시민의 니즈를 충족시키고 지역공동체의 구심점으로 작동한다.

복합문화공간이라고 하면 대부분 도서관을 떠올릴 것이다. 책은 지식 전달을 넘어 문화 형성의 근간이기 때문이다. 누구나 이용할 수 있으며 책과 연계한 이벤트 활동으로 세대, 성별의 경계를 허문다. 그러나 요즘 정보 수집 기능은 다른 미디어가 하는 편이니 책을 보관하고 열람하는 '도서관'의 기능도 변화해야 한다. 책 저장고의 역할만 고수한다면 시대와 맞지 않은 행보이다.

그래서 '송파책박물관'은 조금 다르게 접근했다. 같은 책을 다루지만, 그 역사에 주목한다. 전국 최초의 책 박물관으로서 조선 시대부터 이어진 백여 년의 독서 문화를 보여 주고, 출판 과정을 담아낸다. 창작 공간을 꾸며 책과 관련된 자유로운 예술 활동을 지원한다. 기존의 도서관에 없던 새로운 프로그램이 사람들에게 매력적으로 다가온다.

가락초등학교와 서울해누리초등학교 사이에 있는 공원과 접한 이 건물은 정갈한 육면체이다. 책장에 꽂힌 책들을 형상화하기 위해 알루미늄 루버가 간격을 달리하며 설치되었고 단아함을 강조한다. 또 한 가지 눈에 띄는 건 건물 일부가 드러나 공간을 만든다는 점이다. 공원과 도시 환경에 대응할 여지를 주고, 주변을 조망할 테라스가 되어 준다. 방문자의 공간 경험을 다채롭게 한다. 이러한 공간 흐름은 공간 구획으로도 이어진다.

1층과 2층을 이어주는 어울림홀은 계단식 독서 공간이

다. 건물에서 유일하게 뚫린 천장으로 들어오는 빛이 공간을 강조한다. 빛은 이곳이 메인 공간이라고 일러준다. 강연장으로도 쓰이는 다목적 공간은 2층으로 올라가기 위해서는 반드시 거쳐야만 하는 장소이다. 여기서는 서로의 생각이 모일 여지를 만들고 공명한다. 마치 광장처럼.

–

건축 : 종합건축사사무소 건원
서울 송파구 송파대로37길 77
10:00 - 18:00 (월요일 휴무)

Autumn

가을

8월에 가장 기다려지는 날이 있다. 작열하는 태양이 얼굴을 드러내기 전 한기가 밀려와 열을 식히는 아침, 바로 입추다. 가을 공기가 코끝을 스치며 여름을 잠시 내몰고, 언제 그랬냐는 듯 더위가 기승을 부리며 우리를 또다시 괴롭히지만, 무더위의 끝이 다가오는 순간을 느끼며 우리는 붉고 노랗게 물들 서울을 기대한다.

지도를 펼쳐보면 생각보다 숲으로 채워진 장소가 많음을 알게 된다. 다른 나라 도시와 비교해 보면 더 빨리 체감된다. 산이 많은 덕에 우리 도시는 단풍으로 물든 가을을 담기에도 알맞다. 봄에도 걷기 선선한 날이 이어지지만, 한기가 서려 있는 봄보다 뜨거움이 식어가는 가을이 더 좋다. 그래서 너도나도 건물 밖으로 나와 가을 내음을 맡기 위해 거리를 거닌다. 등산이 가을에 유독 인기를 끄는 것도 이러한 까닭 아닐까 싶다.

그런데 막상 집 밖으로 나가면 수채화로 칠해진 아름다운 가을 풍경이 눈에 들어오지 않는다. 건설 바람이 세차게 불어 도시 생태계를 모조리 몰아내고 우후죽순 솟아난 건물이 산을 가리기 때문이다.

삭막한 서울도, 사람이 사는 도시이기에 가을 풍경을 담으려 한 공간이 많다. 우리 주변에서 조금만 더 깊숙이 들어가 보면 보이는 값진 공간들. 이번에는 가을만이 보여 주는 경치를 제대로 즐길 수 있는 그런 공간을 소개해 보려 한다.

가을빛으로 물든 서울을 즐길 수 있는 시간은 생각보다 그리 길지 않다. 오래 갈 거란 생각에 조금만 방심하면 단풍잎은 가을비에 모조리 떨어지고, 매서운 바람이 발을 꽁꽁 얼게 하는 건 순식간이니.

여유 Leisurely

흔히 가을을 독서의 계절이라고 말한다. 겨울 대비를 위해 모든 생명체가 에너지를 비축하는 시기이기에 나무는 열매를 맺어 씨앗을 보호하고, 동물은 겨울잠을 위해 한껏 배불리 먹는다. 옛사람들은 일 년 버틸 벼를 수확하며 한 해의 결실을 갈무리했다. 창고에 쌓이는 곡식만큼 차분해지는 마음은 독서하기에 좋다.

여유는 주변 환경에서 기인한다. '아차산숲속도서관'과 '김근태기념도서관'은 산자락에 있어 창밖으로 보이는 가을을 담아낸다. 오르막길을 힘차게 올라 바라본 공간과 풍경이기에 더욱 값지다. 여유로움 속에서 마음의 양식을 쌓아보자. '스페이스K'는 빼곡하게 나열된 주변의 사각형 건물들과 달리 한 걸음 뒤로 물러나 자신의 공간을 시민에게 내어준다. 마치 도심의 쉼표처럼 거리에 숨통을 틔운다.

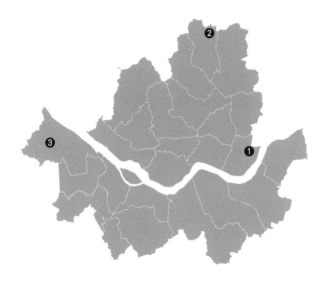

1 아차산숲속도서관
2 김근태기념도서관
3 스페이스K

❶ 아차산숲속도서관
산속 쉼터, 이정표가 되다

이 땅에는 많은 산이 있다. 서울만 하더라도 내사산과 외사산부터 작은 봉우리까지, 50여 봉우리가 곳곳에 솟아 있다. 누구나 쉽게 접근할 수 있다 보니 야외활동하면 등산이 떠오른 건 그리 놀라운 일도 아니다. 덕분에 어르신뿐만 아니라 등산은 젊은이들도 즐기는 힙한 스포츠가 되면서 '산'이라는 글자로 끝나는 지하철역은 주말 오전이면 인산인해를 이룬다.

아차산은 서울의 다른 산에 비해 해발고도가 낮다. 산세도 완만해 등산에 익숙하지 않은 사람도 쉽게 오를 수 있고, 조금만 가도 한강의 아름다움을 감상할 수 있다. 거기에 용마산, 망우산과 연결되어 등산 코스를 선택적으로 늘리고 줄일 수 있다. 그래서 아차산은 남녀노소, 아마추어와 프로 누구에게나 인기 많은 등산로 중 한 곳이다.

아차산 하면 떠오르는 열린 이미지처럼 '아차산숲속도서관'도 남녀노소 누구에게나 열려 있다. 동일한 경사도로 부지는 평평하지만, 땅의 형상에 맞춰 꺾여 있는 비정형이다. 건물도 자연스레 지세를 따른다. 등산로 초입, 도서관으로 들어올 때 가장 먼저 보이는 부분이 낮고 끝으로 갈수록 높아진다. 땅을 파고 나오는 두더지의 모습과 닮았다.

꺾인 부분으로 공간의 성격이 나뉘는데 입구 왼쪽에는 열람실, 오른쪽에는 자료실과 사무실이 있다. '도서관'이라는 단어가 주는 이미지와 그와 관련한 공간도 있어 기능이 한정돼 보이지만, 실제로는 그렇지 않다. 로비에 들어와 마주하는 양옆 공간은 시각적으로 열려 있고 경계가 모호하다. 인테리어만 다를 뿐이다. 좁다는 단점을 보완하기 위해 수직 루버를 기둥 폭과 동일하게 나열하면서 구조로 인해 건물의 창과 비율을 깨지 않도록 하는 세심함이 돋보인다.

공간 끝부분은 거울로 마감하여 루버가 계속해서 늘어선 착시효과를 준다. 실제보다 더욱 넓어 보인다. 루버는 단순히 시각 효과만을 위한 장식 요소는 아니다. 사이사이 좌석을 만들어 주며 개인만을 위한 은밀한 작업공간을 마련해 준다. 2층으로 올라가기 위해 루버 뒷부분으로 건너가면 계단식 좌석이 있는데 공간을 알차게 쓰려 노력한 점이 인상 깊다.

'아차산숲속도서관'이 들어선 자리는 한때 쓰레기 집하장으로 등산객의 눈살을 찌푸리게 하는 곳이었다. 다행히 산과 숲을 품은 '커뮤니티 제공'을 위해 도서관이 지어졌고, 현재는 등산로의 시작과 끝을 알리는 이정표가 되어준다. 비슷한 시기에 개관한 '인왕산 숲속쉼터'와 '인왕산 더숲 초소'가 등산객은 물론 지역민들도 방문하며 그 일대가 활발해졌듯, '아차산숲속도서관'도 다채로운 방문객들로 활기를 띨 것이다.

도서관이 개관한 지 얼마 되지 않았을 땐,
그 앞은 공사장 가설 울타리로 가려져 경관이 좋지 않았다.
가을이 되어 다시 방문해 보니,
그곳은 '아차산어울림정원'으로 아름답게 가꿔져 있었다.

광나루역에서 내려 광장초등학교를 지나 산을 타고 올라가면
'아차산어울림정원'과 조화를 이룬 도서관을 만날 수 있다.

–

건축 : 메이트아키텍츠 (MAT.E architects)
서울 광진구 영화사로 139
09:00 - 18:00 (화요일 휴무)

❷ 김근태기념도서관

자연, 세월, 삶의 켜가 어우러지다

서울로 향하는 북측 관문인 도봉동은 도봉산과 수락산이 만나 형성된 골짜기에 자리한다. 중랑천이 흐르고 이를 가르던 군사시설의 흔적도 보인다. 지역민의 터전인 아파트 단지와 주택들, 그 반대편에는 이방인인 등산객을 위해 늘어선 음식점들. 자연의 경이로움과 세월의 켜, 삶의 터와 놀이터의 조화가 층층이 쌓여 있다.

군부독재 시절 민주화 운동에 참여했던 이들이 오늘날 우리의 자유를 가져왔다. 1996년부터 2008년까지 도봉구 국회의원을 지냈던 故 김근태도 그중 한 명이다. 고문과 투옥으로 점철된 혹독한 1980년대를 보낸 민주화 운동의 산증인을 기리는 '김근태기념도서관'은 새로운 켜를 쌓으려는 동시에 도봉구가 쌓아온 켜를 늘어놓는 듯한 형상을 한다.

넓지 않은 비정형 대지는 건축 행위에 많은 제약을 준다. 동시에 단순한 도서관(library)의 기능을 넘어 故 김근태를 기억하는 기록관(archives)과 박물관(museum)의 기능 또한 담아내야 하는 '라키비움(lachiveum)'은 낭비되는 공간 없이 각 공간을 명확히 구분해야 한다. 좁은 대지에 프로그램을 알차게 넣기 위해 이곳은 격자 형식으로 공간을 구성했다. 도서관, 기록관, 전시관 순으로 이어지는 축과 다른 공간으로 연결되는 복도가 만나 교차한다. 수직 축은 수직 동선을 만들어 각 층을 잇는다. 연결되고 남은 사이 공간은 자연스레 외부 공간과 중정이 된다. 주변을 둘러보면 서측으로는 도봉산과 북한산, 동측으로는 수락산 산세가 보인다. 방문객은 발걸음을 옮길 때마다 다양한 경관을 감상할 수 있다. 중정을 통해서는 나만의 외부 공간도 마주할 수 있다. 계단 밑 버려지는 공간은 서가로 활용하고, 부분부분 층고를 높여 공간을 넓힌다. 옥상은 계단식 테라스로 만들어졌다. 낭비되는 공간 없이 알차게 건물 전체가 사용되고 있다.

내외부가 반복되어 공간의 켜를 쌓아가니 공간에 깊이감이 더해진다. 이는 외부에서도 쉽게 눈에 띈다. 대로변과 사선으로 맞닿은 대지이지만, 건물은 도로와 직접적으로 면하지 않는다. 뒤로 갈수록 낮아지며 조금씩 물러나는 건물과 옆으로 한 칸씩 돌출되는 모습은 리듬감을 만들어내고, 그 덕에 각 실은 독립적인 입구를 갖추게 된다. 도시로 열린 구성은 사람들을 자연스럽게 건물 안으로 끌어들이는 장치가 되며, 격자 형식을 더욱 강조해 준다.

故 김근태가 쌓아온 켜가 오늘날 우리에게 교훈을 주듯, 이를 담아낸 '김근태기념도서관'은 공간과 형태에 그 정신을 드러낸다. 땅과 시간의 흔적이 담긴 도봉동과도 잘 어울린다.

-

건축 : 여느건축디자인 (Yeoneu-arch)
도봉구 도봉산길 14
평일 09:00 - 20:00 (월요일, 법정공휴일 휴무)
주말 09:00 - 17:00

❸ 스페이스K
질서 속 돌연변이

오늘날 도시 형태는 그리드다. 그리드는 수직과 수평의 선이 직교하여 만든 격자 형식 무늬다. 수직 가로와 수평 가로가 만나 교차로를 만들고 남은 사각형 면은 건물이 들어설 자리를 마련한다. 그리드를 구성하는 사각형이 하나의 모듈이 되어 이어지기에 공간 크기를 쉽게 가늠할 수 있다. 낭비되는 면적이 없어서 효율적이다. 게다가 장식적인 요소도 없으니 단순하다. 합리성과 효율성을 중시한 그리드를 도시에 적용하는 것은 당연했다.

그래서 그리드 체계의 도시는 오래전부터 있었다. 고대 이집트, 중국, 멕시코, 심지어 신라 시대 경주도 격자무늬 도시였다. 그때에는 지금과 달리 건물 높이도 낮았고, 도로 폭도 좁아 흔히 말하는 휴먼 스케일로 도시가 구성되었다. 모든 곳을 건물로 꽉꽉 채우지도 않았기에 지금의 그리드와는 형태가 같을지언정 사람들이 그 안에서 느끼는 경험은 완전히 달랐다. 지금은 도로 폭이 넓어지고 건물은 하늘을 찌른다. 휴먼 스케일이 사라진 도시는 강박감에 사로잡힌 인간의 모습을 보여 주고, 우리의 숨통을 조인다. 도시에 변화가 필요한 시점이다.

마곡동은 마곡 도시개발사업지구로서 대규모 연구개발센터가 곳곳에 자리하고 있다. 이들은 마곡역을 중심으로 그리드 체계에 따라 앉혀 있다. 대규모의 건물은 빽빽하게 필지를 쓰니 도시민을 답답하게 한다. 여기서 거대한 박스와 대비되게 땅에 낮게 깔린 '스페이스K'가 돋보인다.

이 건물은 한강에서 뻗어 나온 물줄기가 비옥한 땅을 만들어 형성된 녹지 축이 끝나는 지점에 자리했다. '스페이스K'는 축의 매듭으로 작동하기 위해 녹지 축의 방향을 틀어 건물로 수렴시켰다. 덕분에 건물 앞에 넓은 보행로가 확보되었다. 건물 입면에 드러난 포물선 형태의 계단 입구는 시선을 사로잡는 장치다. 마곡역과 녹지 축을 따라 걷는 보행자는 쾌적하게 거리를 누비다가 건물로 모여든다.

보행로에서 램프를 타고 옥상으로 올라가는 동선, 포물선 형태의 계단 입구를 통해 올라가는 동선, 무주 공간인 전시장에서 옥상으로 올라가는 동선은 모두 옥상에서 만나 흩어진다. 순환 동선이다. 외부에서 내부로, 내부에서 외부로 이어지는 발걸음은 마치 사람 몸에 피가 흐르듯 건물에 사람이 흐르게 한다. 한 마디로 생명력을 지닌 건물이라고 할 수 있다.

안도 다다오는 교토역을 설계할 때 이런 말을 했다.

"때론 건축이 도시 속 게릴라처럼 등장하여 부비트랩을 설치해 도시를 뒤흔들어야 한다."

'스페이스K'는 삭막한 그리드 도시에서 부비트랩이 되어 이 거리에 숨통을 틔워 준다.

–

건축 : 매스스터디스 (Mass Studies)
강서구 마곡중앙8로 32
10:00 – 18:00 (월요일 휴무)

리미티드 에디션 Limited Edition

가을을 다른 말로 표현하면 리미티드 에디션이라고 할 수 있다. 불그스름하게 익은 잎사귀가 뽐내는 아름다움은 그리 오래 가지 않는다. 은행나무 열매의 꼬릿한 내음과 단풍잎이 풍기는 특유의 향은 계절감을 더욱 특별하게 한다. 이런 계절에 건물 안에서 절경을 감상하며 쉬는 것도 좋지만, 무엇보다 계절의 냄새를 맡고 선선한 바람을 맞으며 자연을 있는 그대로 느끼는 게 가장 좋지 않을까.

'불암산 엘리베이터 전망대'와 '창신 숭인 채석장 전망대'는 풍경을 위해 오롯이 열린 공간이다. 둘 모두 주변 맥락을 이해하고 수용하며 건축되었기에 땅과 끈끈한 관계를 맺는다. 옛 건물이 모인 '구산동도서관마을'은 새롭게 들어설 도서관 자리가 없었지만, 온 동네가 연합하여 다세대 주택을 리모델링한 공간이다. 주민들의 바람이 현실이 되었으니 이곳은 무엇과도 맞바꿀 수 없는 리미티드 에디션이다. '아름지기'는 재단법인 아름지기의 사옥이다. 평소 일반인 출입이 안 되지만, 노란빛으로 거리가 물들 때 한시 개방된다. 우리 전통문화와 관련한 전시와 함께 슬라이딩 도어를 열어젖히면 보이는 경복궁 돌담길을 경험해 보자.

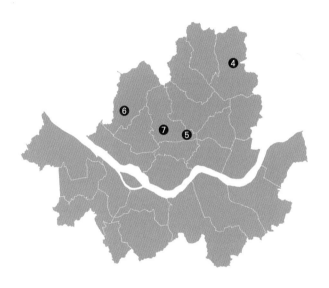

❹ 불암산 엘리베이터 전망대
❺ 창신 숭인 채석장 전망대
❻ 구산동도서관마을
❼ 아름지기

❹ 불암산 엘리베이터 전망대

비추어 채워지는 경험

서울시 노원구 상계동, 중계동과 남양주시 별내면의 경계에 솟은 바위산인 불암산은 승낙을 쓴 부처와 같다 하여 '불암'이라는 이름이 붙었다. 능선이 길게 뻗어 탁 트인 경치를 맛볼 수 있고, 길이 험하지 않아 누구든 가볍게 오를 수 있다. 불암산 정상으로 향하는 산자락에는 '불암산 힐링 타운'이 조성되어 있는데 생태 연못, 나비 정원, 철쭉 동산, 불암산 전망대가 있고 이들 모두 무장애 길로 연결되어 접근성이 좋다.

철쭉 동산을 지나 덱길을 따라 오르면 '불암산 엘리베이터 전망대'가 보인다. 보통 산속 전망대는 획일화된 접근 방식을 지닌다. 높은 위치에 있는 전망대를 위해 엘리베이터와 피난 계단을 두어 외관에서만큼은 수직성을 강조한다. 산을 오르며 누릴 수 있는 휴식, 풍류와는 다소 이질적이다.

그러나 '불암산 엘리베이터 전망대'는 유려한 곡선을 지닌다. 오르는 과정까지 디자인하여 수직 경험이 이질적이지 않다. 곡선을 이루는 계단은 전망대에 오를 때 리듬감을 만들어 지루함을 떨쳐내고, 앞으로 진입해 뒤쪽으로 죽 돌아 연결된 길은 경관을 가리지 않는다. 그 형태와 진입 동선이 이 전망대의 독특한 특징이지만, 천장에 설치된 거울 역시 그에 못지 않다.

옷매무새를 다듬을 때 사용하는 거울은 일상에서 쉽게 마주하는 재료라서 특별하다고 보긴 힘들다. 거울 혹은 반사 성질을 지녀 거울과 같은 역할을 하는 재료가 공간의 한 요소로 기능하면 공간의 인상은 강렬해진다. 공간에서 거울을 사용하는 일반적인 방식은 한쪽 벽면에 설치할 때다. 좌우가 바뀐 상을 반사하는 동시에 빛도 반사하기에 음지를 밝힌다. 간혹 이러한 특성을 이용해 건물 내부가 아니라 외부에 사용되기도 하는데 불암산 파빌리온이 바로 그렇다.

높지 않은 전망대는 하부가 골조로 드러나기 마련이다. 기능상의 이유로 하부는 상부에 비해 중요도가 떨어져 꼼꼼히 디자인하지 않을 때가 많고, 전망 공간 확보 때문에 그림자가 져 음지가 되곤 한다. '불암산 엘리베이터 전망대'는 알루미늄판을 붙여 데크와 숲, 사물에 난반사된 빛으로 어둠을 걷어낸다. 계단을 타고 전망대에 오르거나 엘리베이터를 기다리는 순간에도 천장을 바라보게 만든다. 걷는 이의 시야에 담기 힘든 다채로운 경치가 펼쳐진다. 비추어 경험을 채우는 전망대는 매력적인 휴게 공간이다.

–

건축 : 운생동건축사사무소
노원구 중계동 산95-1
하절기 04:30 - 22:00
동절기 05:00 - 20:00

❺ 창신 숭인 채석장 전망대
높은 곳에 서서 그날을 기억하다

동대문역에서 내려 창신 골목 시장에 들어서면, 마치 처마처럼 길게 뻗은 차양막이 거리를 감싼다. 굽은 골목길 때문에 제대로 맞물리지 못한 가림막 사이로 은은한 빛이 들어오고, 이곳을 더 몽환적으로 만든다. 상인과 동네 주민이 주고받는 대화, 분주하게 움직이는 사람들의 발걸음, 동대문 시장으로 원단을 나르며 바삐 움직이는 오토바이는 백색 소음이 되어 배경음으로 깔린다. 코끝을 자극하는 먹음직스러운 음식 냄새와 다채로운 볼거리는 이방인으로 방문한 사람들을 여럿 붙잡는다.

조금 더 들어가면 주택가의 적막을 깨고 바삐 움직이는 봉제 기계가 보인다. 어디서도 쉽게 볼 수 없는 이질적인 모습으로 다시 한번 시선을 붙잡는다. 그리고 뒤로 빼꼼 보이는 거무튀튀한 절벽은 창신동이 품은 역사의 켜를 한눈에 보여 주니, 동네 자체가 이야깃거리로 풍성하여 카메라를 들 수밖에 없다.

창신동은 본래 채석장이었다. 근대 도시의 기반을 다지기 위해 일제는 경성에 대형 건축물을 지었다. 우리가 너무나 잘 아는 조선은행, 경성역(구서울역), 경성부청(구서울시청), 조선총독부를 10년 만에 완공했으며, 이들 모두 석조 건축물이었다. 짧은 시간에 저렇게나 많은 건물을 짓기 위해서는 어마어마한 양의 화강암이 필요했다. 그리고 그 재료가 이곳, 창신동 채석장에서 나왔다. 돌아다니면 어렵지 않게 잘려 나간 산의 모습을 곳곳에서 볼 수 있다.

창신동은 해방 이후 서울의 기반을 다지는 데에도 큰 역할을 했다. 한때 우리나라의 패션 산업을 이끈 동대문 시장을 필두로 이곳에 모여든 사람들이 시장과 주택가를 일궜다. 주택가는 절벽을 배경으로 옹기종기 모여 마을을 이루었고, 마을 초입엔 시장이 들어서면서 앞서 말한 다채로운 이야깃거리가 스며들게 되었다.

'창신 숭인 채석장 전망대'는 창신동의 역사를 기억한다. 전망대는 간결하지만, 인상 깊다. 크게 두 축이 눈에 띈다. 수직선은 엘리베이터, 수평선은 카페와 전망대이다. 하지만 두 선이 결합하여 만들어낸 형태와 그를 통해 비로소 펼쳐지는 경관은 절대 단순하지 않다. 십자가 형태를 지닌 전망대는 기둥 하나 없는 캔틸레버 구조다. 덕분에 관람객은 걸리는 선 하나 없이 창신동 일대를 내려다볼 수 있다. 옥상에서 도로 쪽으로 걸어가면 몸이 떠 있는 듯한 느낌도 받을 수 있다.

멀리 남산타워가 보이고, 중간에는 동대문 역사문화공원과 고층 건물이, 가까이는 한양도성도 보인다. 이 한 곳에서 서울의 시간을 오롯이 경험할 수 있다. 무엇보다 창신 골목 시장과 봉제 거리, 절벽을 뒤로한 채 건물이 옹기종기 모인 모습은 어디에서도 볼 수 없는 진풍경이다.

전망대 2층에는 카페가 있다.
그곳에 앉아 보이는 곳이 동망봉 채석장(현 숭인근린공원)이다.
전망대에서 창신어린이공원을 지나
창신동 이수아파트 건너편의 골목길로 들어가면 공영주차장이 나온다.
그곳에서도 지난날의 아픔을 선명하게 만날 수 있다.

-

건축 : 조진만건축사사무소
종로구 낙산5길 51
평일 11:00 - 20:00 (월요일 휴무)
주말 10:00 - 22:00

❻ 구산동도서관마을

마을과 동네는 다르다

동네와 마을은 비슷한 듯 다르다. 동네는 사람들이 생활하는 여러 집이 모인 곳이고, 마을은 여러 집이 모여 사는 곳이다. 전자는 단지 집들이 모인 것이라면 후자는 집이 모여 사람들과 교류가 일어나는 것에 가깝다.

건물 이름을 봤을 때 한 가지 의문이 들었다. '마을'이라는 단어를 건물에 붙인 게 어색했다. 특정 부지를 가리키는 것도 아닌 건물에 이 단어를 쓴 이유가 궁금했다. 좁은 로비, 어수선한 서가 배치, 도서관이라고 하기엔 다소 부족한 좌석 수. 이 공간의 첫인상이다. 주변 건물보다 한참 뒤에 지어졌지만, 각 실의 크기는 좁고, 그 개수는 턱없이 부족했으며 공간 구성도 정돈되어 보이지 않았다.

사실 이 건물은 기존에 있던 여덟 채의 주택과 막다른 도로를 포함한 총 11개 필지를 확보해 만들어졌다. 오래된 주택은 철거되어 그 건물 내부가 열린 광장과 주차장이 되었고, 구조적으로 재활용할 수 있는 빌라의 방과 거실은 보수 작업을 거쳐 사무실과 아기자기한 열람실로 탈바꿈되었다. 서로 다른 건물을 이어주던 골목길은 도서관의 복도이자 서가로 변신했다. 사람들은 기억 속 마을 구조가 남아 있는 옛 골목길에서 서가를 살피고 편하게 앉아 책을 읽는다. 최초 준공 당시 유행했던 재료인 화강석 입면 마감재와 내부로 들어온 발코니, 벤치가 된 기존 건물의 뼈대는 도서관에 숨은 이야기를 상상하게 만든다. 그리고 보니 건물 외관에서도 이러한 특징을 엿볼 수 있다. 노란 벽돌과 징크 패널, 화이트 페인트로 마감된 외관이 서로 다른 건물과 공간의 결합을 암시한다.

보통 공공건축은 공공기관의 주도로 이루어진다. 그래서 공공기관에 주어진 예산, 개관 일정에 맞춰 사업이 긴급하게 진행되곤 한다. 그러다 보면 지속적인 운영을 위한 공간 기획이 이루어지기 힘들다. 그러나 '구산동도서관마을'은 달랐다. 구산동 일대는 주택은 빼곡하지만, 공원이나 공공건물은 거의 없다. 오랜 기간 불편함을 호소하던 주민들은 적극적으로 도서관 설립에 나섰다. 주민 서명 운동, 청원서 제출, 주민 제안 사업 신청 등 설계 발주 이전에 도서관에 필요한 공간과 프로그램을 먼저 공공기관에 제안했다. 자신들의 지역에 맞는 맞춤 도서관을 만드는 노력을 오래 해 온 것이다.

변변찮은 공공시설이 없었던 이 동네에 '구산동 도서관 마을'이 생겨 주민들이 하나둘 모여 커뮤니티를 형성하고 교류하기 시작했다. 여가를 즐기는 특별한 장소이자, 하나의 작은 '마을'이다. 골목을 거닐 듯 책 복도와 마당을 거닐고 다양한 연령의 주민이 함께 문화를 즐기며 마을의 새로운 이야기를 써 내려간다. 주민들의 노력으로 이루어 낸 값진 결과물이기에 '구산동도서관마을'은 어느 것과도 바꿀 수 없는 리미티드 에디션과 같다.

–

리모델링 : 디자인그룹오즈건축사사무소 (DESIGNGROUP OZ)
은평구 연서로13길 29-23
평일 09:00 - 22:00 (월요일, 법정공휴일 휴무)
주말 09:00 - 18:00

❼ 아름지기
홈, 커밍

경복궁 돌담길을 걷다가 한옥과 양옥의 만남을 보았다. 인상적이다. 건물 외관에 홀린 나는 무작정 그 건물로 발걸음을 옮겼다. 입구에서부터 한 번 꺾어 들어가야 했다. 아무나 들어올 수 없는 곳이라고 몸소 설명해 주고 있었다. 아니나 다를까 이 건물은 재단법인 '아름지기'의 사옥으로 일반인의 출입은 불가능했다. 아쉬움을 뒤로한 채 언젠가는 꼭 방문하겠다고 다짐했고, 그로부터 일 년이 지났다.

매년 아름지기 재단이 야심 차게 준비한 전시는 9월과 10월 사이, 일 년에 딱 한 번 열린다. 그때 사옥이 개방된다. 전시 소식을 듣고 부리나케 달려가 마주한 공간의 이미지는 너무나 선명하다. 앞마당, 뒷마당도 아닌 2층에 마련된 윗마당에서 양옥과 한옥이 마주한 모습, 창문 너머로 보이는 경복궁 돌담과 푸른 하늘, 노랗게 익어가는 은행나무까지. 이 건물은 계절을 담고, 사람들의 이야기를 담아내고 있었다.

'아름지기'는 우리 문화가 사라질 것을 염려했다. 그래서 이들은 한옥을 짓고 정자나무 주변을 가꾸었으며 궁궐을 재현하고 복원했다. 우리가 소홀히 한 문화의 먼지를 털어내는 일을 마다하지 않았다. 여기에 더해 그들의 해석을 덧붙여 현대적으로 재해석한 작품을 매년 사옥에 전시한다. 매번 전시 내용과 구성, 그것과 어울리는 공간에 감탄한다.

'아름지기' 사옥은 작은 크기의 공간이 옹기종기 모인 형태를 하고 있다. 그 모습이 한옥과 닮았다. 우리 전통 건축은 땅을 이해하는 것에서 시작되었다. 한옥은 단일 건물이 모여 하나의 집을 형성하고 남은 공간이 마당이 된다. 또 자연을 향해 창을 뚫어 경관을 내부로 끌어들인다. 이 건물도 마찬가지다. 다양한 프로그램을 담기 위해 필요한 넓은 공간은 1층에 배치되어 건물의 바탕이 되고, 현대적으로 한옥을 재해석한 양옥과 한옥이 서로 마주 보며 마당을 만든다.

이러한 마당은 1층으로 향하는 동선, 내부로 진입하는 동선 모두를 수용한다. 마당이 서로 다른 성격의 공간을 이어주는 매개로 쓰인다. 경복궁 돌담길을 향해 뚫린 창은 사계절을 담아 공간을 생기로 가득 채운다.

건물에 쓰인 재료에도 주목할 필요가 있다. 건물 기초가 되는 콘크리트는 1층, 몸통을 이루는 목재는 2층, 투명하여 상대적으로 가벼운 느낌을 지닌 유리는 3층에 사용되어 돌, 나무, 기와 등 세 요소가 쓰인 전통 한옥의 건축 패턴을 따른다.

그들의 선한 영향력은 전시와 공간에 그대로 묻어나와 사람들을 미소 짓게 한다. 아쉽게도 일 년에 단 한 번, 일정 기간에만 개방하기에 기간에 맞춰 꼭 들려 경험해 보길 바란다. 그럴 가치가 있다. 이곳은.

건너편에서 건물을 바라보자.
은행나무와 서로 다른 재료 셋,
그 뒤로 살며시 보이는 한옥의 조화가
'아름지기'처럼 아름답다.

–

건축 : 김종규, 김봉렬
종로구 효자로 17
사전 예약을 통해 입장 가능

쓸쓸함 Solitary

가을은 붉게 물들어 아름답지만, 떨어지는 낙엽은 쓸쓸하다. 봄은 시작이고 겨울은 끝이라는 선입견 때문일까. 그래서 가을의 끝자락은 소멸과 쇠락의 시기로 여겨지기도 한다. 우울해지기 쉽지만, 올해의 결실을 알차게 갈무리하기 위해 다가올 겨울을 준비해야 한다. 고즈넉함과 새로움이 공존하는 리모델링 건축은 끝이 곧 시작임을 알게 해준다. '한양도성 혜화동 전시안내센터'와 '스타벅스 경동1960', '데우스 삼청'에서 쓸쓸함을 달래보자.

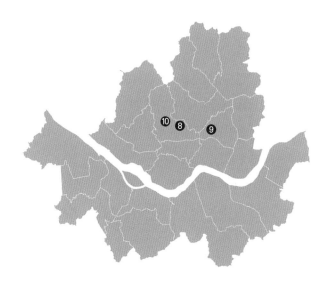

❽ 한양도성 혜화동 전시안내센터
❾ 스타벅스 경동1960
❿ 데우스 삼청

❽ 한양도성 혜화동 전시안내센터

불협화음이 음악이 되기까지

한양도성은 6백여 년 동안 한양과 지방을 구분 짓는 경계
선이었지만, 일제강점기를 거치면서 그 경계가 모호해졌다.
일제는 성곽을 허물어 신사 터를 마련하거나 전차나 버스
교통시설을 들이기 위해 성곽과 연결된 사대문과 사소문
일부에도 손을 댔다.

당시 일본인은 좋은 땅을 거주지로 삼았는데, 대표적
인 곳이 용산역 철도기지 일대와 북촌이었다. 용산역 일대
는 조선 시대부터 물류 교통의 중심지로 일찌감치 임진왜
란 때는 왜군이, 구한 말에 청군이 주둔했던 곳이었으며,
북촌은 한양의 중심부이자 궁과 가까웠다. 그 앞의 송현동
부지는 울창한 소나무 숲이 장관을 이루었다. 좋은 것은
늘 탐하던 외세였기에 두 지역은 아물 수 없는 상처가 땅
에 깊게 새겨졌다.

일제강점기 북촌에서 거주하던 일본인은 거주 반경을
혜화동까지 넓혔다. 한양도성의 동북쪽 문인 혜화문에서

따온 혜화동의 지명은 이 동네의 뿌리를 말해준다. 거주지 확장으로 성곽은 허물어지고 혜화문도 훼철되면서 혜화동은 정체성을 잃어 갔다.

'한양도성 혜화동 전시안내센터'가 성곽 위에 자리한 건 정체성을 잃고 얻어진 결과물이다. 안내센터는 문화주택 양식으로 빨간 기와지붕에 모르타르를 바른 외벽이 특징이다. 이는 일본식 주택의 전형으로 과거에는 여기서 상류층 일본인이 거주했던 것으로 알려져 있다. 이 때문에 문화주택이 당대 우리 민족의 문화와는 맞지 않는 불협화음 덩어리라는 비판도 있다. 이 건물은 소유주가 바뀐 후 서울시장 공관으로 사용되었다. 성곽을 허물고 지어진 땅 위에 다시금 시민을 위한 정책 논의 일터가 마련되었다는 게 참 아이러니하다.

다행히 한양도성 복원 사업이 시작되면서 혜화문이 제 모습을 찾았고, 주변 성곽에도 손길이 미치기 시작했다. 성곽 하부 구조 위에 지어진 문화주택 일부는 철거되었으며, 그 과정에서 건물 전체의 조치 여부도 논의되었다. 그러나 33년 동안 13명의 서울시장이 그곳을 사용하면서 쌓인 역사와 일본식 주택에 덧대진 한국적 보수 기법과 재래식 구법은 가치가 있다고 결론이 났다.

가치를 인정받은 문화주택은 서울시장 공관을 거쳐 전시관으로 탈바꿈하여 전 국민에게 개방되었다. 시간이 지나면서 낡아 썩은 목재 기둥과 보는 철골로 교체되었고, 뒷마당에서 남겨진 성곽 하부는 집의 일부를 덜어내 노출시켰다. 외벽은 매끈하게 다듬어 문화주택 양식을 강조했으며, 천장을 드러내 손때 묻은 흔적을 고스란히 보여 줬다. 건축은 그저 드러내고 정돈하며 보존했을 뿐인데 여러 요소가 잘 다듬어져 조화롭게 어울린다.

유적지를 보존하거나 리모델링할 때 과거의 흔적은 사회 의지에 따라 보존 여부가 결정된다. '한양도성 혜화동 전시안내센터'는 어울리지 않는 음의 집합체로 불안정했지만, 시간이 흘러 다듬어졌고 조화를 이뤄냈다. 비로소 음악이 된 것이다. 긴 시간 속 적막을 깨고 나온 공간은 가르침을 준다. 이제야 알겠다. 서글픈 과거의 흔적이라도 보존하고 남겨 후손에게 전해주어야 하는 까닭을.

-

리모델링 : 원오원 아키텍츠 (ONE O ONE architects)
종로구 창경궁로35길 63
09:30 - 17:30 (월요일 휴무)

❾ 스타벅스 경동1960
과거와 현재의 공존

서울이 과밀화되고 남은 땅이 없게 되자 떠오르는 키워드
는 '리모델링'이다. 리모델링은 적은 비용으로 새로운 공
간을 탄생시키고 부분만 수리하여 고쳐 쓸 수 있게 만드는
것을 뜻한다. 옛것과 새것이 어우러져 연출하는 오묘한 공
간 분위기는 신선했고, 환경 문제가 대두되면서 전체 폐기
물의 70퍼센트를 차지하는 건설업계에 쏟아지는 비난을
방어하는 수단이기도 했다.

공장을 재탄생시켜 지역을 되살렸던 성수동의 '대림창
고'와 부산의 'F1963'이 대박을 터트리자, 리모델링의 가
능성을 엿본 사업가들은 무작정 옛 건물을 되살리기 시작
했다. 두 건물이 계속해서 회자되는 이유는 장소성을 살리
며 지역 주민과 상생하는 프로그램으로 동네를 살아나게
한 점 때문이다.

반면 리모델링을 트렌드로 인식한 사람들은 겉모습에만
집중하여 노출 천장에 철제 보강 구조를 사용해 예스러움

을 강조하기만 했다. 기존 공간이 매력적이지도 않은데 무턱대고 리모델링만 하는 것은 도리어 방문자들을 지루하게 만들었다. 이제는 신선함보다 지루함이 먼저 다가올 정도로 남용된 리모델링 시장에서 '스타벅스 경동1960'은 '대림창고', 'F1963'이 주었던 설렘을 다시금 느끼게 한다.

우선 공간의 겉모습보다 위치에 먼저 주목해야 한다. 젊은이에게 사랑받는 스타벅스가 노인들의 홍대라고 불리는 동대문구 제기동에 자리 잡았다니. 골목이 활기를 띠려면 사람들이 거리 곳곳을 헤집고 돌아다녀야 한다.

경동시장이 들어선 상가 건물 3층에 '스타벅스 경동1960'이 있다. 시장을 관통하게 만들어진 동선은 다양한 연령층이 만나는 접점을 만든다. 덕분에 시장은 활기를 띠고 상인들도 들뜬다.

극장을 리모델링 했기 때문에, '스타벅스 경동1960'에서는 극장에서 보여지는 계단식 공간 구성을 그대로 경험할 수 있다. 좁은 통로는 상반된 거대공간의 한가운데를 뚫고 지나간다. 동시에 새로운 프로그램과 만나 그 경험은 극적으로 다가온다. 곳곳엔 필름, 영화와 관련한 오브제가 설치되어 있다. 단점이라면 기존 공간이 극장이었기 때문에 빛을 들일 창이 없다. 어쩌면 카페는 잠시 쉬어가는 장소로, 주 목적지는 1층 시장일지도 모르겠다.

　'스타벅스 경동1960'은 지역 상생을 도모하기 위해 수익금 일부를 경동시장 상생 기금으로 마련하고 관련 프로그램도 계획하여 일자리 창출을 도모한다. 장소성을 살린 건축과 지역과 공존하려는 태도는 '대림창고'와 'F1963'이 성공한 원인이므로, 앞으로 '스타벅스 경동1960'이 동대문구 제기동 일대를 어떻게 변화시켜 나갈지 주목해 보자.

–

동대문구 고산자로36길3
월-목 09:00 - 21:30
금-일 09:00 - 22:00

⑩ 데우스 삼청
갓을 쓴 양반이 입은 정장

경복궁과 창덕궁, 그 사이에 있는 북촌과 그 주변은 서울에서 전통 한옥과 고즈넉한 거리 모습이 이어져 온 몇 안 되는 동네다. 궁궐과 청와대가 지척이고, 북촌이 한옥 보존지구로 지정된 덕에 근방엔 높은 건물도 없다. 아기자기한 옛 도시의 맥락이 지금까지 내려오고 있다. 그래서 서울의 역동적인 모습 뒤에 남은 가회동과 삼청동, 안국동에는 오늘내일할 거 없이 많은 이가 찾는다.

사람이 모이는 곳엔 식당과 카페, 상업 시설이 들어서기 마련이다. 삼청동 또한 다양한 개성을 지닌 카페와 음식점이 즐비해 있다. 가게들은 동네 분위기를 해치지 않는 선에서 거리의 사람들을 붙잡으려 노력한다. 옛 교회 건물이 시대 변화 흐름에 맞춰 클럽이 되었듯 삼청동에 자리한 한옥도 카페, 소품 가게, 음식점, 전시장으로 그 기능이 다채롭게 바뀌고 있다. 그 변곡점에 서 있는 '데우스 삼청'은 어제와 오늘이 적절히 섞여 있다.

'데우스'는 모터사이클을 기본으로 현재는 서핑, 자전거 커스텀, 카페, 바버샵 콘텐츠까지 다양한 분야를 아우르는 라이프스타일 브랜드이다. 그래서 여러 문화의 나라별 특색을 살린 의류를 제작한다. 이러한 특징은 공간에서도 나타난다.

'The Old of New Custom'의 콘셉트를 지닌 공간을 전개하는 '데우스 삼청'은 머리에 갓을 썼지만, 복식은 세련된 정장을 걸치고 있다. 예사롭지 않은 모습의 선비 같다. 이러한 생각은 건물의 외관을 바라보자마자 들기 시작한다. 한옥의 기존 골격인 서까래와 기둥은 그대로 남긴 채, 현대 건축 재료인 철과 전통 건축 재료인 나무와 기와의 만남이 신선하게 다가온다. 행인들도 신기한지 건물을 힐끗힐끗 쳐다보며 지나간다.

내부는 철제 강관과 빈틈을 채우는 단열용 우레탄폼, 반사형 단열재인 알루미늄박으로 꾸며져 있다. 따뜻함이 장점인 목재와 차가운 소재의 스틸 계열의 재료가 대비되면서도 서로 어울린다. 동시에 빛을 반사하는 알루미늄박이 내부를 환히 밝히니 오묘한 분위기가 그려진다. 벽, 바닥, 천장에 붙은 알루미늄 패널은 유려한 곡선을 뽐내며 공간을 간접적으로 구분하고, 천장의 서까래를 숨기거나 드러내면서 공간을 입체적으로 바꾼다.

안방과 대청, 건넌방과 대문이 서로 이어져 순환한다. 동선이 돌고 돈다. 일부 공간은 좌석으로, 일부는 카운터, 화장실로 쓰이니 동선에 따라 변화하는 공간을 살펴보는 재미도 있다. 아늑한 마당에 있는 나무는 그늘을 만들어주고, 모터사이클 마니아들이 모이는 만남의 장소가 된다.

–

리모델링 : 안드레아 카푸토
종로구 삼청로 134
평일 11:00 - 21:00
주말 10:00 - 21:00

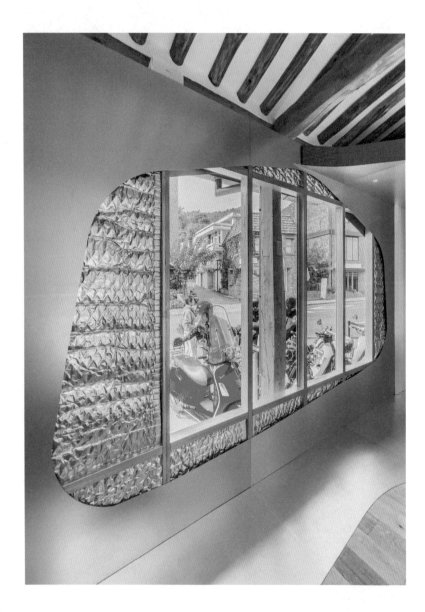

Winter

겨울

옷장에서 두꺼운 코트를 꺼내 입을 때쯤이면 우리는 가족, 지인과 함께 따뜻한 공간에 모여 몸과 마음을 녹인다. 안부 인사를 건네며 시작된 모임은 새해 축복을 염원하는 말로 끝난다. 자연스레 자신과 했던 약속을 되돌아보고 반성하기도 하며 위로와 칭찬의 말이 오간다. 그러다 새로운 다짐을 다지기도 한다. 끝과 시작이 공존하는 계절이 바로 겨울이다.

겨울의 시작과 봄의 시작은 다르다. 겨울은 한 해의 시작이고 봄은 계획한 일정의 시작이다. 첫 단추를 잘 끼워야 옷매무새가 깔끔하듯, 꼼꼼한 신년 계획이 순탄한 사계절 맞이를 돕는다.

겨울이 왔음을 진정으로 느낄 때는 다들 비슷할 것이다. 낙엽 진 앙상한 나무가 자신의 존재감을 잃은 순간과 밤새 내린 눈이 온 세상을 새하얗게 뒤덮은 장면을 볼 때다. 어른들은 출퇴근길에 눈을 마주하기 싫어하지만, 아이들은 드넓은 도화지에 무엇이든 그려 넣을 기대감에 설렌다. 새하얀 도화지의 겨울이기에 우리의 마음도 맑고 순수하고 선명해진다. 겨울에는 객관적으로 자신을 마주하고 앞으로의 계획을 그려나갈 수 있다.

서울의 겨울은 남반구의 겨울보다 거세다. 서울에서 롱패딩이 '생존템'인 만큼 눈으로 덮이는 순간도 잦다. 그만큼 계절 변화가 뚜렷하여 거센 바람이 몸과 마음에 쉽게 상처를 낸다. 추위가 마음마저 차갑게 만들기 전에 우리 몸을 녹여줄 별장 같은 곳에서 겨울을 이겨내 보는 건 어떨까. 자신을 바라보게 하는 공간에서 성찰과 반성을, 그리고 스스로를 위로하며 칭찬하는 시간을 가져보자. 끝으로 어둠을 내몬 공간에서 우리가 걸어온 길을 확인하며 다가올 봄을 기대하면 좋겠다.

별장Villa

삼삼오오 모닥불 앞에 모여 몸을 녹이는 건, 별장 하면 떠오르는 장면이다. 하나의 오브제를 다 함께 바라보며 같은 추억을 쌓는다는 점에서 '마하 한남'과 '인왕산 숲속 쉼터', '서울식물원'은 별장과 같다.

'마하 한남'은 변전소, 한강, 강남이 켜를 이루는 모습을 주목하게 한다. 앙상한 나뭇가지 사이로 보이는 주변 풍광을 담아낸 '인왕산 숲속 쉼터'는 서울을 더욱 선명하게 바라보게 한다. '서울식물원'은 언제나 푸르르기에 무채색의 겨울과 대비된다. '대방 청소년 문화의 집'은 벙커를 탈바꿈한 공간이다. 대방산자락에 있는 이곳은 아이들을 위한 별장이다.

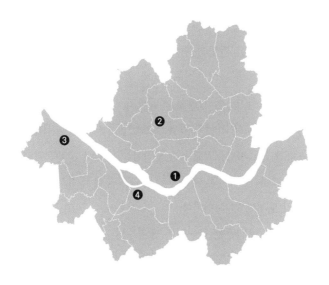

❶ 마하 한남
❷ 인왕산 숲속 쉼터
❸ 서울식물원
❹ 대방 청소년 문화의 집

❶ 마하 한남
극명한 대비

서울의 강북은 강남과 달리 낙후된 지역이 많다. 정부는 1970년대부터 늘어난 인구 문제 해결을 위해 당시 습지이자 과수원이었던 강남을 개발하기 시작했다. 강북에 있던 유수의 교육 시설이 강남으로 이전하면서 인구 유입에 속도가 붙었지만, 그에 따른 부작용도 있었다. '강북 억제, 강남 개발' 문구처럼 한강을 기준으로 흑백 대비가 선명하게 이 도시에 남은 것이다.

강북의 용산구는 금싸라기 땅이지만, 미군 기지와 남산으로 둘러싸여 그 안에서도 지역 편차가 심하다. 세련되고 높은 건물이 들어선 신시가지와 아직도 1960년대에 머무는 동네가 공존한다. 과거 정부의 정책과 지리적 단절로 인해 개발되지 못한 동빙고동이 그러하다. 그곳에서 '마하 한남'은 극명한 흑백 대비를 보여 준다.

1층은 슈퍼, 2, 3층은 목욕탕, 4층은 가정집으로 사용되던 건물에 마하건축사사무소는 3층과 4층을 리모델링하여 각각을 사무소와 카페로 탈바꿈시켰다. 목욕탕 건물은 외부로부터 내부를 가린다. 그래서 반전된 공간을 보여 주는데, 이곳 역시 예상치 못한 프로그램 전개와 건축재료의 사용, 가구 등을 통해 안과 밖, 각 층과의 관계가 서로 다 다르다.

건물 입구에 세워진 소개 간판보다 귀빈탕, 미용실, 이발소라는 문구가 먼저 눈에 띈다. 가정집을 리모델링한 4층이 목적지임에도 조금의 기대를 품게 된다. 어린 시절 일요일 아침마다 들락거렸던 목욕탕이 펼쳐지길 바라면서. 당연히 카페에서 그 흔적을 찾아볼 수는 없지만, 계단을 타고 올라가며 바뀌는 공간 분위기와 인테리어는 목욕탕의 문법을 그대로 따른다.

거실로 사용되던 공간에서 마주하는 풍경은 독특하다. 변전소와 한강, 아파트가 켜켜이 중첩된 모습으로 개발 지역과 그렇지 않은 도시의 모습을 담고 있다. 한강을 기준으로 흑백 대비를 적나라하게 강조하며, 보는 이의 마음속에 묘한 감정을 일으킨다. 다른 방에도 창이 뚫려 있는데 아파트와 나무가 겹쳐 보인다. 서로 다른 높이와 입면을 지닌 주택이 옹기종기 모여 있는 모습도 볼 수 있다.

유려한 디자인의 가구와 난로, 한쪽에 마련된 건축가의

작업실은 누구나 건축가의 꿈을 꾸게 해줄 장소로 안성맞춤이다. 건축가의 서재라는 콘셉트에 맞게 재료 샘플, 모형, 도면 집, 관련 서적이 있다. 구경해 보는 재미가 있다. 더욱 흥미로운 건 다름 아닌 화장실이다. 샤워실까지 구비되어 있는 이곳은 밤샘 작업이 많은 건축가의 현실을 보여준다. 이 또한 낭만과 현실 사이의 극명한 대비다.

목욕탕은 오랫동안 그 자리를 지키며 주민들의 추억을 담았다. 오늘날 목욕탕은 산업화와 도시화, 코로나 팬데믹으로 하나둘 사라졌다. 카페로 쓰이는 '마하 한남' 4층은 목욕탕을 리모델링한 곳은 아니지만, 목욕탕의 공간적 특징을 잘 살리고 있기에 색다른 추억을 쌓을 수 있으리. 오래도록 그 자리를 지키길 바란다.

-

리모델링 : 마하건축사사무소
용산구 서빙고로91나길 85 4층
12:00 - 21:00

❷ 인왕산 숲속 쉼터

순성길을 걷다 만나는 단비

산속 별장을 떠올리게 하는 공간이 인왕산 중턱에 있다. 7212번 버스를 타고 윤동주 문학관에서 내려, 시인의 언덕을 지나, 성곽길을 따라 올라가면 마주할 수 있는 곳이다. 가는 길에 보이는 경치는 흥미롭다. 청와대와 경복궁도 보이며 산이 콜라주되어 만들어 낸 다양한 층위가 경관을 풍성하게 만든다. 중간중간 바위까지 전망대를 만들어 서울의 강북을 한눈에 알아볼 수 있도록 해주니 그곳까지 오르는 여정은 지겹지 않다.

이곳은 원래 군 초소였다. 청와대가 바로 보이는 위치에 있었기에 보안과 안전상 이유로 북악산과 인왕산에 삼십여 곳의 군 초소가 들어섰다. 그로 인해 오랫동안 이 일대는 시민 출입이 통제되었다. 최근 몇 년간 북악산, 인왕산을 단계별 개방함에 따라 그곳에 있던 초소는 없어졌고 한양도성 성벽에 설치된 스무 곳의 초소 중 둘은 보존 결정되었다. 초병의 거주 공간이었던 '인왕3분초소'는 그렇게 시민을 위한 숲속 쉼터가 되었다.

건물을 바라보면 우선 형태보다 재료의 디테일이 눈길을 끈다. 격자 철사를 바닥과 난간, 지붕에 사용함으로써 흙먼지 많은 이곳이 언제나 청결하게 유지될 수 있도록 했다. 그래서 건물 형태가 한눈에 읽히고 유리로 외관이 마감되어 정갈하게 보인다.

건물 입구에는 옛 초소 사진이 걸려 있다. 변화를 암시하는 듯하다. 내부 공간에 대한 기대감이 한껏 커진다. 안으로 들어서면 자욱하게 깔린 나무 내음이 코끝을 자극한다. 건물은 쉼터와 화장실로 나뉜다. 쉼터이자 로비, 서가도 겸하는 주 공간에는 벽이 없다. 건물을 유리로 감쌌기 때문에 경관이 파노라마로 펼쳐진다. 시야에 걸리는 선 하나 없이 내부에서 나무와 산, 그 너머 탁 트인 서울의 전경을 감상할 수 있다. 인테리어 디자인에 온전히 스며들도록 결구 방식으로 제작된 가구와 군더더기 없는 천장 마감이 감상 경험을 한껏 끌어올린다. 공간 한편에는 자연 관련 책이 비치돼 있어 잠시 독서하며 쉬어가기에 최적이다.

인왕산, 북악산 일대가 시민에게 개방됨에 따라 한양도성 순성길이 완성되었다. 서울의 정체성은 산세와 물길과의 어우러짐에서 비롯되기에 서울의 자연을 온전히 누릴 수 있는 길이 이제서야 마련된 것이다.

　나는 아무런 준비 없이 산에 올라 순성길 전부를 걷지 못했지만, 제대로 준비하고 산을 오르다 이곳을 마주하면 지금보다 더욱 가슴 깊이 서울이 다가오지 않을까. 편하게 앉아서 쉴 수 있는 별장은 초보 등산객에게 가뭄 속 단비 같은 존재일 테니.

'인왕산 숲속 쉼터'에서
한양도성이 아닌 계단을 따라 산에서 내려오면
인왕산로에 걸쳐진 '더숲 초소책방'이 보인다.
쉼터처럼 초소를 리모델링 한 곳이다.
그곳에서 등산에 허기진 배를 달래보자.

–

건축: 솔토지빈건축사사무소 + 에스엔건축사사무소 (SN Architecture)
종로구 청운동 산4-36
10:00 - 17:00 (월요일 휴무)

❸ 서울식물원

도시에서 랜드마크가 지녀야 할 덕목

마곡지구 시작점에는 한강에서 뻗어 나온 물줄기를 품은 습지원이 있다. 비옥한 땅에서 자라나는 식생이 동식물의 터전이 되고, 도심의 숨통을 틔게 해주는 열린 공간이 되어 준다.

그 변곡점에 자리한 '서울식물원' 온실은 도시의 정체성에 마침표를 찍으며, 이곳을 대표하는 랜드마크로서 그 역할을 톡톡히 해낸다.

사시사철 푸르름을 유지하는 온실은 꽃을 떠올리게 한다. 중심부가 높게 솟은 돔 형태의 일반적인 온실과는 그 형태가 다르다. 오목하고 테두리 부분이 높아지는 그릇 형태이다 보니 시선은 자연스레 밖을 향한다. 이런 형태를 구현하기 위해 온실 바깥에 프레임이 있고, 중심부에는 엘리베이터와 계단을 두었다. 그러다 보니 기둥 하나 없는 넓은 내부가 만들어졌다. 덕분에 높게 자라는 열대성 나무와 지중해성 자생식물이 중심부에만 심어지지 않아도 된다. 식물을 다양한 위치에 심을 수 있으니 곳곳에 아기자기한 조경을 할 수 있다.

바닥에서 시작하여 스카이워크를 통해 자연 사이사이를 누비고 탐험하는 경험은 그래서 더욱 극적이다. 공간을 방해하는 구조물이 없으니 관람객은 높게 자란 나무의 잎을 만질 수 있으며, 탁 트인 시야 덕에 먼 거리에 있는 숲을 바라보고 사색에 잠길 수 있다.

마곡지구를 대표하는 건축물이자 이 지역의 정체성에 마침표를 찍기 위해 온실은 친환경 요소에 많은 신경을 썼다. 단어 의미가 무색해질 정도로 '친환경'을 남발하는 다른 건축물과 다르게, 이 건물은 오목한 지붕으로 빗물을 모으고 정화하여 조경용수로 재활용한다. 동시에 식물 세포 형상의 지붕에 ETFE(불소계 플라스틱)를 사용하여 일반 유리보다 20퍼센트나 많은 가시광선을 투과한다. 유지 관리비는 줄이고 식물은 더 잘 자란다.

랜드마크로 인식되는 온실은 사람마다 호불호가 크게 갈릴 것으로 보인다. 누군가는 꽃 한 송이를 떠올리며 광활한 자연과 어울린다고 하겠지만, 누군가는 1차원적으로 보이는 건물 형태에 반감을 품을 수 있다. 하지만 어느 방향이든 건물 형태가 인상적이고 쉽게 눈에 들어오며 한 번 더 뒤돌아보게 만들기에 사람들에게 쉽게 각인된다. 동시에 친환경 건축의 본보기를 보여 주면서 비옥한 땅인 마곡 지구의 정체성도 살린다. 그래서 '서울식물원'은 도시에 랜드마크가 지녀야 할 덕목을 제대로 갖추고 있다고 할 수 있다.

—

건축 : 더_시스템 랩 (THE _SYSTEM LAB)
서울 강서구 마곡동로 161
하절기 09:30 - 18:00 (월요일 휴무)
동절기 09:30 - 17:00 (월요일 휴무)

❹ 대방 청소년 문화의 집

비일상으로의 초대

2023년 5월 31일 6시 40분경, 서울 전역에 울려 퍼진 사이렌은 굳게 닫힌 창문을 뚫고 들어와 모두를 깨웠다. 창문을 열자 들리는 두 번째 방송. 어린이, 노약자는 우선 대피하라고 지시한다. 안내 방송이 끝나자 부리나케 열고 닫히는 이웃집 현관문들. 불안이 고조된다. 밖으로 나가 마주한 거리에는 아무렇지 않은 척 지인과 통화하는 사람, 벌어질 일을 예상이라도 한 듯 보따리 짐을 들고 대피소로 향하는 사람, 나처럼 주변을 두리번거리며 상황 파악하는 사람 등 다양했다. 행동은 달랐지만, 표정은 불안으로 같았다. 새벽녘부터 울린 경계경보는 다행히 오발령이었지만, 우리가 잊고 있었던 휴전국이라는 사실을 일깨워주었다. 동시에 대피소라는 공간에 주목하게 했다.

인프라스트럭처(infrastructure)는 도시 기능 유지에 필요한 물리적 시설을 의미한다. 도로, 공원, 학교, 공공청사 등이 그렇다. 대피소는 도시를 운영하는 데에 꼭 필요한 시설은 아니다. 어느 나라에서도 대피소를 별개 공간, 기반 시설로 분류하지 않는다. 하지만 도시 성립의 전제 조건이 평화로운 문명 상태의 유지라면 분단국가인 우리나라에서는 이야기가 달라지지 않을까. 서울에는 이미 많은 대피 시설이 있다. 지하철과 공공청사가 대표적이다. 이곳들은 대피소로도 불리지만, 건물의 주된 기능은 대피소가 아니다. 그러나 벙커는 다르다. 폭격에 대비하기 위해 지하에 매설된, 오롯이 대피소 역할만을 수행하는 공간이다.

'대방 청소년 문화의 집'은 군용 벙커를 리모델링했다. 군사적 기능을 상실하면서 와인 창고, 공원 관리용 자재 창고로 쓰이다가 오늘날 변화를 맞이했다. 벙커 주변에는 학교 열 곳이 자리한다. 그만큼 청소년을 위한 공간 수요가 넘친다. 벙커가 특수한 환경임을 고려하면 이곳은 아이들의 상상력을 자극하는 창의적 공간이 될 가능성이 있다. 그래서 벙커는 아이들이 함께할 수 있는 스포츠, 창작활동, 교육과 휴식을 지원하는 청소년 문화 공간으로 탈바꿈되었다.

공간은 크게 세 층으로 나뉜다. 1층은 '스포츠 벙커'로 VR 존과 스포츠 존, 2층은 '미래 벙커'로 청소년의 꿈을 지원하는 미디어, 멀티, 스포츠 코트, 3층은 '유스 벙커'로

휴식 공간이 있다. 휴식 공간 한편에는 식생을 가꿔 공간의 삭막함을 덜어낸다. 기존 층을 허물고 다락을 매단 덕분에 세 층을 이어주는 입체 광장이 만들어졌다. 거기에 강관과 조명을 가로로 길게 설치하여 대방산 지하 공간을 시원하고 답답하지 않게 해준다.

기반 시설이자 군 시설인 이곳은 일상에서 경험하기 힘든 스케일로 그 자체의 구조미를 그대로 드러낸다. 일반적인 공간과 차별화된 공간 경험, 일상에서 비일상으로 아이들을 옮겨가게 한다. 아이들에게 분단국가임을 떠올리게 해주며 평화가 얼마나 소중한 것인지를 깨닫게 해준다. 그런 점에서 '대방 청소년 문화의 집'은 대피소 공간 활용 방안의 모범 사례다.

–

리모델링 : 조진만건축사사무소
동작구 여의대방로36길 71
화-토 09:00 - 21:00
일 09:00 - 18:00

성찰 Reflection

올바른 방향 설정을 위해 선행되어야 하는 건, 되돌아봄이다. 겨울에 내린 눈은 지나온 걸음을 돌아보게 만든다. 우리는 겨울에 지나온 한 해를 성찰하며 걸어온 길을 확인한다.

종교 건축물인 '원불교 원남교당'과 '중곡동 성당', 추모 공간인 '시안가족추모공원-천의 바람'은 공간이 주는 경외심이 내면 깊은 곳을 자극하며 자신을 돌아보게 한다. '시안추모공원 — 천의 바람'은 경기도 광주에 있지만 공간의 성격이 '겨울 – 성찰'과 잘 맞아 이 책에 실었다. 반가사유상을 전시하는 '사유의 방'은 작품과 공간이 하나 되어 관객을 침묵의 순간에 빠지게 만든다.

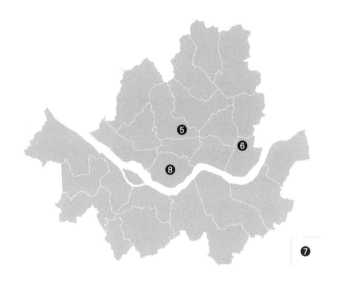

❺ 원불교 원남교당
❻ 중곡동 성당
❼ 시안가족추모공원–천의 바람
❽ 사유의 방

❺ 원불교 원남교당

쉼을 찾는 이들에게

쉼은 정신적 휴식과 육체적 휴식으로 나뉜다. 전자는 오롯이 나 자신에게 집중하여 사색에 잠기는 순간이고, 후자는 누워서 가만히 있는 순간을 의미할 것이다. 후자는 충분한 수면으로도 가능하지만, 전자는 그렇지 않다. 내면의 자아와 정면으로 마주하여 대화하는 과정을 거쳐야 원인을 해결하고 정신을 맑게 할 수 있다. 일상에서 내면의 쉼을 주는 공간을 찾는 건 어렵다. 그래서 나는 내면 깊은 곳을 자극하는 종교 공간을 자주 찾는다.

'원불교 원남교당'은 1969년에 지어져 2022년 새롭게 재탄생한 공간이다. 이 건물은 서쪽으로 창경궁과 종묘가, 북쪽으로는 최초의 근현대 의료시설인 서울 대학병원, 동쪽으로는 마로니에 공원과 대학로가 자리한다. 남쪽으로는 청계천과 광장시장이 있어 지리적으로 의미 깊은 장소성을 지닌다.

원불교는 일상생활에서도 신앙 활동과 수행을 장려하

는 종교이기에 새롭게 들어설 종교 공간은 장소성과 함께 도시적인 관점에서도 주변과 조화를 이루어야 했다. 건물 형태를 사각형, 원형, 삼각형 등 그 어떠한 도형으로 규정 짓지 못하는 까닭도 이 때문이다. 기존에 있던 네 개의 골목길을 일곱 갈래로 늘리고 건물과 주변을 연결하려는 시도가 이루어졌다. 그 결과 '원남교당'은 휘어지고 조각나고 분리되었지만, 동시에 끊김 없는 동선이 만들어졌고, 방문객은 건물 전체를 아울러 자연스레 옥상까지 이어지는 '여래길'을 거닐 수 있게 되었다. 건물 제일 높은 곳에 서면 창경궁, 인왕산, 북악산까지 조망할 수 있다.

여래길 중간중간에 마련된 입구는 '대각전'으로 이어진다. 대각전은 '원남교당'의 핵심 공간으로 일원상이 자리한다. 일원상은 원불교의 신앙이자 수행의 표본으로 우주 만물의 근본을 뜻한다. 언제나 변하지 않는 일원상과 천창으로 들어오는 자연광이 시시각각 변화하여 만들어내는 공간 대비는 극적이다. 층고가 12미터나 되지만 경험을 방해하는 기둥이 하나 없다. 조금씩 기울어진 콘크리트 벽은 일원상으로 수렴한다. 여기에 나무 바닥과 가구에서 풍겨오는 나무 내음이 몸을 감싸 마음을 편안하게 한다. 잡생각을 떨치고 군더더기 없는 일원상에 집중하면 내면으

로의 여정이 시작된다. 대각전에서 2층 홀로 나와 1층 영
모실로 가 보자. 기울어진 벽을 타고 흐르는 빛이 전부인
이곳에서는 대각전과 또 다른 깊이의 나 자신과 마주할 수
있다.

쉬러 왔지만, 어김없이 셔터를 누르고 있는 나 자신을
발견했다. 잠시 생각을 내려놓는다. 이제는 마음 편히 공
간을 즐길 일만 남았다. 일상에 여유를 찾고 앞으로 나아
갈 힘을 얻는다.

—

건축 : 매스스터디스 (Mass Studies)
종로구 창경궁로22길 23

❻ 중곡동 성당

미학이 된 필수 불가결

건축의 발전사가 곧 종교 건축의 발전사임은 누구도 부인할 수 없다. 삶과 죽음을 주관하는 신에게 바치는 공간이었으니, 당대 최고의 기술과 최대 자본이 투입되었다. 신에게 가까워지기 위해 높아진 건물은 구조적 안정성을 요구했다. 하중을 줄이기 위해 얇아진 벽이 무너지지 않도록 덧붙인 '플라잉 버트레스(flying buttress)'와 바뀐 구조들에 대응하기 위해 아치 끝이 뾰족한 '첨두아치(pointed arch)'의 탄생은 공간 구성에 자유를 주었다. 그 덕에 얇고 긴 수직창을 내어 건물 내부로 빛도 들일 수 있게 되었다.

각 요소는 실용적이고 공학적인 이유로 사용되었지만, 공간에 들어온 사람에게는 다른 경험을 선물했다. 깊은 공간감이 주는 웅장함, 스테인드글라스에 투과된 빛이 주는 신비로움은 경외심마저 들게 했다. 하나의 완결하고 완벽한 작품이 된 건물은 특유의 미학이 담긴 숭고한 건축물이 되었고, 신을 향한 믿음을 확고히 해주었다. 신앙심에 공간이 중요하겠느냐마는 공간 덕분에 신앙심이 짙어질 수 있다고들 한다. 종교 건축은 내면 깊은 곳을 자극하기에 건축가들은 이런 공간에 주목한다.

오늘날 종교 건축은 어떨까. 순교자를 기리거나 성사를 기념하기 위한 독특한 외관의 건축물과 더불어 일상에 친숙히 스며든 종교 건물도 많아졌다. 반면 재료와 기술의 발전으로 구조 미학의 아우라를 뿜어내는 곳은 많지 않다. 종교적 배경은 다를지언정 신을 위한 공간이라는 점에서 후자 또한 일반 건물에서 느낄 수 없는 경건함과 신비스러움이 묻어나야 하는 건 사실이다.

'중곡동 성당'은 기념 성당이 아닌 평범한 종교 시설이다. 도심에 있어 삶에 스며들 여지가 있다. 평범한 종교 건물마저도 입구를 특별하게 장식하고 계단을 두어 건물 전체를 높여 마치 제단처럼 보이게 하거나, 담을 쳐서 주변과 경계 짓는 것이 대부분이다.

그러나 이곳은 그렇지 않다. 건물로 진입하는 과정에서 눈에 들어오는 건 바닥 재료의 변화뿐이다. 걸리는 선 하나 없이 건물로 들어설 수 있다. 진입장벽이 없다. 건물 앞에 놓인 성모마리아 상이 방문객을 친근하게 맞이한다. 건물은 성전과 부속실로 나뉜다. 두 매스는 지상 2층부터 연결된다. 연결 다리는 대로변 쪽에 자리한다. 2층에 자리한 성전으로 향하는 계단은 뒤편에 있으면서, 바로 옆 건물을 가리기 위해 세운 벽체와 이어진다. 이로써 건물 중심은 아늑한 중정이 된다.

성전은 전통적인 종교 건축공간과 다르다. 시대가 변했고, 기술 발전으로 종교 건축물에서 사용된 표현기법은 구시대의 장식에 불과할지 모른다. 성전 형태는 단순하지만, 철근콘크리트로 건물을 구축하는 데에 필요한 보를 그대로 노출하여 리듬감을 만들고, 사이에 틈을 내어 빛을 내부로 들인다. 제단 쪽 벽의 상단부에는 스테인드글라스를 설치하여 제단을 주황빛으로 물들여 신비로움을 극대화한다. 스스럼없이 보여 주어야 남과 가까워질 수 있듯, 필수 불가결한 요소를 적극적으로 드러낸 미학을 품은 공간은 내면 깊은 곳을 자극한다.

—

건축 : 이로재건축사사무소
광진구 능동로 381

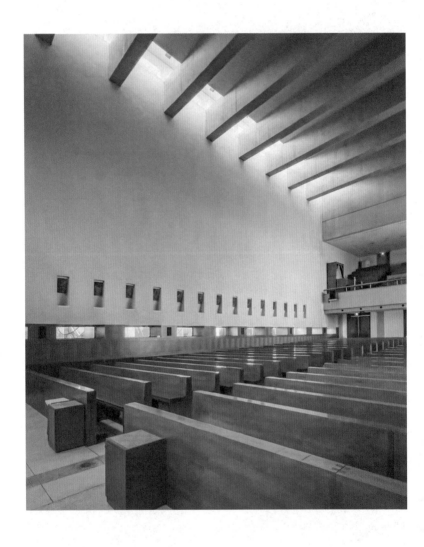

❼ 사유의 방
작품과 하나 되는 방

박물관 밖과 대비되는 전시장 내부를 걷다 보면 미디어 작품이 어두컴컴한 복도를 비춘다. 물인지, 안개인지 구분되지 않는 흑백의 대비는 시선을 사로잡는다. 작품을 보고 있노라면 몽환적인 세계에 발을 들여놓은 것 같다. 흙과 편백, 계피를 섞어 발라 은은한 향을 풍기는 붉은 벽은 기울어져 있다. 그 벽을 타고, 미세하게 높아지는 바닥을 타고, 무수히 많은 별을 떠올리게 하는 2만여 개의 봉이 달린 천장을 타고 들어가 보자. 시선이 모이는 그 끝에 우리의 국보 반가사유상이 자리한다.

가부좌를 풀 것인지 아니면 가부좌를 틀어 명상에 잠길 것인지 알 수 없는 움직임. 수행과 번민이 맞닿거나 엇갈리다 그 끝에 도달하여 비로소 깨달음을 얻을지니, 잔잔한 미소가 얼굴에 새겨질 때 그렇게 생긴 몸짓과 표정은 그야말로 한 편의 단편 영화다. 미동조차 없는 동작에도 우리는 그것을 멈춰 있다고 여기지 않는다. 명상에 잠길 것 같은 모습을 하고 있어 숨조차 내 쉬면 안 될 듯하다. 눈치가 보인다. 반가사유상은 금방이라도 자리에서 일어나 깨달음을 생생하게 들려줄 것처럼 선한 미소를 머금고 있다.

기울어진 벽과 미세하게 높아지는 바닥, 작품으로 수렴하는 천장과 두 상을 받치는 원형 전시대가 만들어 낸 비정형 공간은 현대에 들어와 모든 것을 수치화하는 인간의 욕심이 덧없음을 일깨운다. 전시대로 수렴하고 모든 것이 그 끝으로 시선을 머무르게 하면서도 수평, 수직이지 않는 공간은 우리 마음을 강박에서 벗어나게 한다. 공간은 관람객을 이리저리 돌아다니게 하며 여러 방향에서 반가사유상을 바라보게 한다. 공간은 반가사유상의 움직임을 관람객에게 그대로 부여하고 있다. 위치에 따라 변하는 두 상과 원근감 때문에 작아지는 다른 상과의 관계를 엿보기도 하고, 멀찌감치 떨어져 두 상이 뿜어내는 아우라에 심취하기도 한다. 가까이 다가가 표정과 몸짓을 살피고, 금방이라도 휘날릴 것 같은 옷깃을 바라보며 그 세밀함에 놀라기도 한다. 이리저리 사유하며 돌아다니다 저마다의 생각 끝에 도달한 이들은 곧 현실로 복귀한다.

넓은 공간에 오롯이 두 작품만을 전시한 국립중앙박물관의 기획 의도가 놀라울 따름이다. 루브르박물관도 전시장 한 곳에 오롯이 모나리자 한 작품만을 전시하지 않았다. 실 전체를 반가사유상을 위해 할애하면서도 뻔한 구성이 아닌 입구부터 출구까지 탄탄한 이야기 흐름을 전개했다. 작품에 더 집중할 수 있게 설명글은 최대한 배제하여 고리타분한 전시 관례에서도 벗어난다. 작품과 하나 되는 '사유의 방'. 공간, 그 자체가 작품이다.

공간은 사진보다 어둡다.
되도록 사람이 적은 개장 시간에 맞춰
공간에 온전히 집중해 보았으면 한다.

–

인테리어 : 원오원 아키텍츠 (ONE O ONE architects)
용산구 서빙고로 137 국립중앙박물관 상설전시관 2층
10:00 - 18:00 (수요일과 토요일은 21시까지)

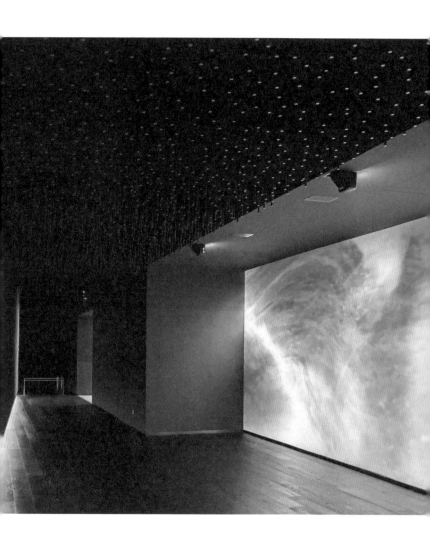

❽ 시안추모공원 — 천의 바람

침묵이 성찰이 될 때

"고인은 생인의 기억 속에 살아가요. 그러니 우리 모두 잊지 말고 기억해요."

조문객이 아버지에게 건넨 말이다. 그 말은 깨달음이 되어 오랜 시간이 흘렀음에도 선명히 머릿속에 남았다. 무덤에 남은 건 아무것도 없다. 몸은 썩어 사라지고 영혼은 죽음과 동시에 극락 혹은 천당에 가니 남는 건 기억뿐이다. 유골을 무덤이나 유골함에 보관하는 건 고인의 빈자리를 쓸쓸함이 아닌 함께한 추억으로 채우기 위해서다. 보이지 않으면 사라지기에 기억하기 위해 사물로 치환한다. 비석, 무덤, 유골함을 통해 고인을 떠올리며 마음을 달래고, 그러한 과정에서 삶과 죽음을 생각한다. 침묵이 성찰로 바뀌어 산자는 앞으로 어떻게 살아가야 할지 고민한다. 추모 공간이 종교 공간과 궤를 같이하는 까닭이다.

그래서 묘역은 건축의 눈으로 보면 흥미롭다. 사람의 깊은 내면을 건드려야 하므로 기술 의존보다 자연적인 방식으로 건축한다. 그림자로 공간 깊이를 더하고, 동선을 치밀하게 계획하여 경험의 서사를 만들며, 적절한 재료의 사용으로 몸의 감각을 일깨운다.

경기도 광주에 있는 '시안추모공원-천의 바람'은 건축적인 의미를 부여하여 치밀하게 계획된, 침묵이 성찰되는 공간이다. 주차장에서 나와 램프와 계단이 있는 빛의 정원으로 내려가면 내후성 강판 벽이 서서히 높아지면서 사람들을 물의 정원으로 이끈다. 정원 바닥은 물로 덮여 걸어가는 이들과 하늘을 비추며, 녹슨 벽은 붉은빛과 함께 시간을 담는다. 전이 공간인 이곳은 자연스레 활개 치는 도시와 다른 땅이라고 선언하며 사람들을 침묵시킨다. 정원을 지나 경사지에 적정 개수의 봉안함을 두기 위해 콘크리트 매스가 단을 만든다. 거센 바람에 파도가 일렁이듯 앞으로 쏠리는 형태와, 나뭇결이 느껴지는 거친 질감, 예리한 각을 만들며 방향을 트는 경사로는 긴장의 끈을 놓지 말라고 조언한다.

중간중간 있는 나무와 벤치 그리고 방향 전환 지점 끝에 있는 콘크리트 타워는 침묵을 성찰로 바꾸는 매개다. 묘역의 정상인 계단 전망대에서 내려오는 물은 잔잔한 소리로 경험을 풍성하게 채워준다. 이 또한 방문객을 성찰하게 한다. 공간 경험 후 돌아나가는 길은 가로막는 콘크리트가 아닌 앞으로 펼쳐진 잔디밭이다. 기나긴 침묵 끝에야 마주할 수 있는 우리 삶의 아름다움과 같다.

거쳐왔던 물의 정원을 지나 이제 빛의 정원으로 간다. 진입 방향과 같아 등져 있던 태양 빛과 처음 마주하는데 침묵이 성찰이 되어 위로를 받고 힘을 얻는다.

이처럼 추모 공간은 종교 공간처럼 성찰할 수 있는 공간이지만, 아직 우리 사회에는 죽음을 향한 부정적인 시선이 있어 혐오 시설로 간주하곤 한다. '시안추모공원-천의 바람'은 이러한 선입견을 깨줄 것이다.

–

건축 : 이로재건축사사무소
경기도 광주시 오포읍 오포안로 17
08:00 - 17:00

어둠을 내몰 Lamplight

성찰의 공간에서 되돌아봄을 마쳤다면 나아갈 방향을 올바르게 설정할 차례이다. '신한 익스페이스'는 유려한 곡면의 유리 외관으로 명동에 드리워진 그림자를 걷고, '응봉 테라스'는 도시 내 음지를 밝히어 도시민의 삶을 풍요롭게 해준다. '안중근의사 기념관'은 아픈 과거를 딛고 일어서는 방법을 가르쳐주며 강인함으로 어두운 등산로를 밝힌다. 어둠을 내몰, 이 공간들과 함께 다음 해의 사계절을 기약해 보길.

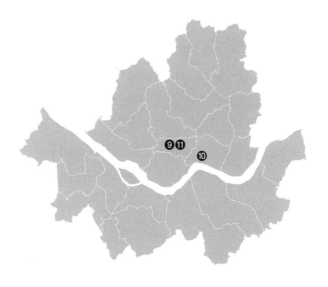

9 신한 익스페이스
10 응봉 테라스
11 안중근의사 기념관

❾ 신한 익스페이스

명동의 빛이 되리라

밝은 고을, 밝은 마을이라는 뜻을 지닌 명동은 여행객으로 밤낮 할 거 없이 활기를 띠는 동네였다. 한국 전쟁 이후 명동을 중심으로 금융회사와 상업 시설이 자리하면서 돈이 몰리기 시작했고, 국립극장이었던 명동예술극장을 중심으로 예술인도 모이면서 명동은 돈과 사람이 넘쳐흘렀다. 강남 개발과 함께 잠시 주춤하는 듯했지만, 한류 열풍에 힘입어 관광객까지 몰려든 명동은 전국 공시지가 상위 10위를 모두 싹쓸이할 정도로 우리나라에서 가장 비싼 땅이자, 이름에 걸맞게 가장 밝게 빛나는 땅이었다.

그렇게 밝았던 명동은 사드 사태와 코로나 팬데믹으로 관광객이 빠져나가면서 빛을 잃어갔다. 한류 열풍으로 상권이 살아날 때도 외국인만을 타깃 하는 서비스 업종은 낙수효과를 크게 누리지 못했다. 그때 많은 상점이 문을 닫았고 거리에는 공실만 가득했다. 그런 상황에서 명동10길과 명동8길의 교차점에 면한 신한은행 명동 지점이 증축,

개축을 통해 일대를 다시 밝게 비췄다.

명동역 8번 출구에서 명동10길을 따라 들어가면 곡면 유리 파사드가 보인다. 단단한 유리를 일렁이게 하여 부드럽고 가벼워 보이는 외관은 마치 하늘거리는 천을 떠올리게 한다. 천은 우리에게 너무나 익숙한 소재다. 상처 난 부위를 감싸 치유하고 포근한 이불에 기대어 휴식하며 주변을 가려 편안함을 준다. 커튼은 빛을 가려주지만, 유리는 빛을 투과하고 안을 보여 준다. 유리를 천의 형상으로 하여 다른 성질을 지닌 두 소재가 겹쳐 보이도록 했던 건 무겁고 단단한 건축의 진입장벽을 낮추고 안을 보여 줘서 사람들을 끌어모으기 위함이다.

신한은행 본점은 기업의 사옥으로 일반인 출입이 불가능했지만, 지금은 모두의 공간으로 바뀌었다. 다양한 기업과 자유롭게 교류하며 새로운 사업 모델을 시험해 보는 기술개발 공간을 제공하고, 금융교육센터를 두어 모든 세대가 금융 교육 체험을 할 수 있도록 했다. 옥상 또한 개방하여 누구나 올라 주변을 바라볼 수 있다.

단단하고 무거운 건물이 형태 덕분에 떠다니는 듯하다. 이는 건물을 오브제로 보이도록 하며 그 자체로 상징성을 지니게 한다. 거리의 분위기를 환기하며 다른 건물과 구분

지으면서도 부드러운 형태는 거북하지 않게 다가온다. 낮에는 시시각각 변화하는 태양 빛과 그에 따라 달라지는 거리의 모습을 담으며, 밤에는 밖으로 빛을 내뿜어 주변을 밝힌다. 관광객이 아닌 일반인을 위한 열린 공간이기에 어둠이 드리워졌던 명동에서 '신한 익스페이스'가 지니는 의미는 남다르다.

-

리모델링 : 스튜디오 인 로코 + 아뜰리에 김기준
중구 명동10길 52

⑩ 응봉 테라스

어둠을 내몰 보편적인 해결책

육교는 보행자를 위해 만들어진 것처럼 보이지만, 실상은 보행자를 차량 동선에서 물리적으로 떨어트려 자동차 교행 흐름을 끊지 않기 위해 만들어졌다. 육교를 산업화 시대의 상징이라 말하는 건 자동차에 밀려난 보행자의 위치를 단적으로 보여주기 때문이다.

그런 육교가 오늘날 도시에서 자취를 감추고 있다. 우리 도시가 보행자 친화 도시로 바뀌고 있기 때문이다. 지면에 떠 있는 구조물은 교통 약자가 늘어나고 있는 이 시대와는 맞지 않다. 더군다나 육교 계단 하부 공간은 필연적으로 음지를 만들어 위생과 안전 면에서 시민을 위협한다. 그러니 우리 도시에서 육교는 점차 사라지고, 그 자리를 횡단보도와 신호등이 대신하고 있다.

육교처럼 고가도로, 다리 하부도 음지를 만든다. 하지만 차도가 지하에 매설되거나 자동차가 드론으로 대체되지 않는 한, 고가 하부는 동전의 양면과 같이 떼려야 뗄 수 없는 골칫덩어리다. 더 나은 도시를 위해 육교 하부를 방치하기보다 해결책을 강구할 필요가 있다. 서울 시내에는 차도 하부공간이 130곳, 철도 하부공간 50여 곳이나 있다. 이를 적극적으로 활용한다면 부족한 도심 개발 용지 확보도 가능할 터. 서울시는 이미 2016년부터 고가 하부공간 활용 사업을 진행하고 있다.

그중에서도 응봉교 하부에 자리한 '응봉 테라스'는 고가 하부를 매력 넘치는 쉼터로 탈바꿈시켰다. 구조물이 설치되기 전에 이 부지에는 운동기구가 있었다. 공간의 쓸모를 다하려 노력했지만, 높은 단 차이로 인해 떨어지는 접근성, 몇 안 되는 가로등은 고가 하부의 어둠을 내몰기엔 역부족이었다.

'응봉 테라스'는 높은 단은 잘게 쪼개어 앞쪽은 테라스 광장을 만들고, 뒤쪽에는 기존에 있던 운동기구를 남겨두었다. 물결치듯 휘감은 지붕은 오브제로서 보행자의 발걸음을 안으로 이끄는 동시에 기능적으로는 고가 하부의 음지를 몰아낸다. 굴곡진 반사판은 도로에 반사된 빛을 고가 하부로 비추어 낮에도 어두운 공간을 밝히고, 밤에는 지붕 프레임과 벤치의 간접 광을 밖으로 반사해 주변을 밝힌다. 고가 다리는 여기서는 지붕이지만, 그 높이가 워낙 높아내외부의 경계를 모호하게 만든다. 다양한 이벤트를 수용할 수 있는 테라스처럼 이곳 또한 많은 이야깃거리를 담아낼 것이다.

'응봉 테라스'는 임시 가설 건축물인 파빌리온에 가깝기에 여러 규제로부터 자유롭다. 아울러 적은 예산으로 비슷한 프로젝트를 진행할 수 있다. 육교나 고가도로같이 기능에 충실한 기반 시설은 형태가 다들 비슷하니 그들이 만들어내는 음지 또한 유사하다. 최소한의 제스처로 도시 미관을 극적으로 높인 '응봉 테라스'는 다른 음지에서도 어둠을 내몰 보편적 해결책이 무엇인지 제시한다.

'응봉 테라스'의 조명은
대략 가로등 점등 2시간 후에 켜진다.

－

건축 : 요즈음건축
성동구 응봉동 84

⑪ 안중근의사 기념관
상징으로서의 건축

건축은 상징과 제품으로 나눌 수 있다. 상징으로서의 건축은 역사, 전통, 맥락, 장소와 같이 인문학적 요소에 기반을 두고, 제품으로서의 건축은 형태, 재료, 구조와 같이 물질적인 요소에 중점을 둔다. 어느 것 하나 우열을 가릴 수 없고, 양자택일할 수도 없을 만큼 둘은 상호보완하며 건축을 이루지만, 건물 용도에 따라 비중은 달라질 수 있다.

기념관은 전자의 비중이 크다. 기념관은 기념할 대상이 정해져 있기에 관련 사건, 업적이 맥락이 되어 현시대를 살아가는 우리가 깨달아야 하는 바를 공간을 통해 전달한다. 만약 공간이 매개가 되지 않으면 관람객은 전시장의 작은 글씨에만 의존하게 되고, 기념관은 미술관이라고 불려도 이상하지 않을 만큼 정체성을 잃어버리고 만다. 공간을 어떻게 상징화할 것이며 관람객들이 어떤 마음가짐으로 공간을 둘러보게 할지가 기념관의 핵심인 셈이다.

'안중근의사 기념관'이 자리한 남산 중턱은 일제강점기

에는 신사로 쓰였다. 일본이 천황 이데올로기를 강제로 주입하려 했던 장소였는데, 그곳에 안중근 의사와 함께한 단지동맹 12인을 상징하는 건물 매스가 땅을 즈려밟고 굳건히 서 있다. 건물이 들어설 체적만큼 땅을 덜어내어 건물 1층은 지하에 있다. 자연스레 사람들은 경사로를 따라 지면 아래 깊숙이 들어가 건물에 들어선다. 낮아지는 땅과 반대로 높아지는 옹벽에는 안중근 의사의 어록이 새겨져 있다. 벽은 매끈하여 관람객과 어록, 기념관이 서로 겹쳐 보인다. 지상에서는 높지 않았던 건물이 입구에 다다를 즈음이면 벽과 함께 위압감을 주듯 우뚝 서 있게 된다. 긴 호흡으로 전개되는 진입 과정은 현재에서 과거로의 전이 과정이자 방문객과 안중근 의사를 이어주는 매개가 된다.

문을 열고 중앙 홀에 진입하면 높은 천장고와 넓은 폭을 지닌 넓은 공간을 마주하는데 그곳에는 안중근 의사의 동상과 태극기 혈서가 자리한다. 기념관 전체를 압도하며 방문객을 침묵하게 하는 두 요소는 전시를 보기 위해 지나쳐야 하는 관문인 동시에, 층마다 뚫린 창을 통해 수시로 보인다. 방문객의 머릿속에 기념 대상이 어떠한 인물인지를 끊임없이 떠올리게 한다.

건물에서 가장 눈에 띄는 부분은 투명유리로 감싸진 계

단실이다. 전시의 마지막인 이곳은 독립운동가들의 희생
덕에 얻은 대한민국의 평화로움을 남산의 전경을 통해 은
유한다. 긴장을 한시름 놓게 돕는다.

　기념관은 낮에는 신사 터를 밟고 당당하게 서 있는 모습
으로 우리에게 자신감을 심어주고, 밤에는 어두운 등산로
를 밝혀 나아갈 길에 대한 확신을 준다. 안중근 의사는 여
전히 우리 주변에 머물며 이 도시를 지켜주고 있다.

–

건축 : 디림건축사사무소 (D.LIM architects)
중구 소월로 91
하절기 10:00 – 18:00 (월요일 휴무)
동절기 10:00 – 17:00 (월요일 휴무)

이런 코스로 다녀보는 건 어떨까요?

1 **서울의 중요한 축을 따라 즐기는 공간들.zip**

데우스 삼청, 열린송현, 중림창고, 아모레퍼시픽 본사, 노량진 지하배수로

2 **아이와 함께 가기 좋은 공간 모음.zip**

자라나는 숲, 국립항공박물관, 서울식물원, 평화문화진지, 대방 청소년 문화의 집, 응봉 테라스

3 **현대 건축물의 집합소, 마곡지구와 그 주변.zip**

국립항공박물관, 스페이스K, 서울식물원, LG아트센터 서울

4 **지식과 삶의 풍요로움이 쌓이는 도서관 모음.zip**

내를 건너서 숲으로 도서관, 은평구립도서관, 양천공원 책쉼터, 아차산숲속도서관, 김근태기념도서관, 구산동도서관마을

5 **커피 한 잔의 여유와 함께.zip**

스타벅스 경동1960, 데우스 삼청, 마하 한남

6 **산도 타고 공간도 보고.zip**

자라나는 숲, 한국천주교순교자박물관, 오동 숲속도서관, 아차산숲속도서관, 불암산 엘리베이터 전망대, 창신 숭인 채석장 전망대, 인왕산 숲속 쉼터, 안중근의사 기념관

서울은 건축

걷다 보면 마주하는 설렘을 주는 공간들

1판 1쇄 인쇄 | 2024년 3월 15일
1판 1쇄 발행 | 2024년 3월 30일

지은이 신효근

펴낸이 송영만
책임편집 송형근
디자인 조희연
마케팅 최유진

펴낸곳 효형출판
출판등록 1994년 9월 16일 제406-2003-031호
주소 10881 경기도 파주시 회동길 125-11(파주출판도시)
전자우편 editor@hyohyung.co.kr
홈페이지 www.hyohyung.co.kr
전화 031 955 7600

© 신효근, 2024
ISBN 978-89-5872-219-9 03980

값 20,000원